날씨의 음악

이우진 지음

날씨의 음악

날마다 춤추는 한반도 날씨 이야기

이우진 지음

한겨레출판

뜬구름 같은 이야기라고 하면 환상적이고 비현실적인 이야기라는 느낌이다. 그렇지만 구름이 비를 내린다는 점을 생각하면 뜬구름만큼 현실적인 문제도 별로 없다. 예부터 비는 농사에 가장 중요한 문제였고, 지금은 산업과 경제를 연구하는 사람들이 미래에 가장 중요한 문제로 기후변화를 따지고 있다. 이렇게 보면 날씨에 인생을 바친 과학자가 들려주는 이 책만큼 구름 같은 책도 드물다. 여유 가득한 산문으로 쓰였지만, 그 속에 담긴 상상력은 날씨의 내면을 연구하는 과학이어서인지 결코 뻔하지 않다.

막연히 혼자 상상하기만 한다면, 구름에서 떠오르는 생각이란 천사들이 뛰어노는 솜뭉치 같은 진부한 생각에 그치기 십상일 것이다. 하지만 이 책은 과학이 알려 주는 단서를 따라 평범한 상상을 넘어 삶에 대한 신선한 이야기들을 들려준다. 태풍에서 열대 정글의 공기 냄새를 맡고, 무지개 색깔을 이야기하면서 베토벤의 사연을 들려준다. 시집보다 시적이면서 주가분석 보고서보다 과학적인 책이다. 더없이 마음을 평온하게 해줄 책인 동시에 생각해보기 시작하면 끝없는 배움의 기회를 줄 이야기들이 가득하다. —곽재식(작가, 《지구는 괜찮아, 우리가 문제지》 저자)

밤하늘의 페가수스 별자리 방향에는 프랑스 천문학자 스테판이 발견한 다섯 개의 은하가 보인다. 3억 광년 거리의 먼 은하부터 3천만 광년 떨어진 가까운 은하까지 다양하지만, 우리는 이들을 '스테판의 오중주'라고 부른다. 음악의 오중주라는 형식을 광활한 우주에 투영한 것처럼, 변화무쌍한 날씨를 클래식 음악의 선율로 다룬 과학책이 있다면 어떨까? 일상과 닿아 있어 친숙하지만, 슈퍼컴퓨터로도 예측하기 힘들 정도로 복잡한 날씨의 과학을 이제 음악과 함께 즐겨보자. 예술적 조예가 깊은 저자가 만들어낸 과학과 음악의 새로운 심포니가 몹시 기대된다. —궤도(과학 커뮤니케이터, 《과학이 필요한 시간》 저자)

차례

매일매일 겪는 날씨는 친숙한 자연 현상이다. 흐린 가운데 한동안 비나 눈이 내리고 나면, 어느새 날이 개어 구름 사이로 푸른 하늘과 햇살이 비치고 바람이 상큼한 풀 향기를 실어온다. 날씨의 배후에 작동하는 원리를 이해하거나 일기예보를 하는 것은 과학이지만, 오감으로 다가오는 날씨는 그 자체로 그림이기도 하고 음악이기도 하다.

지나온 시절 현장에서 일기예보를 직접 맡아본 것이 날씨라는 자연에 더욱 가깝게 다가가는 기회가 되었다. 한동안 기상학과 일기예보에 관한 전문적인 글을 쓰던 중 일상에서 접하는 날씨 이야기에 관심이 생겼다.

어느 봄날 이근영 기자와 조천호 교수의 권유로 《한겨레》에 〈이우진의 햇빛〉이라는 칼럼을 쓰기 시작했다. 칼럼을 계기로 날씨의 의미를 다양한 관점에서 곱씹어보는 시간을 가졌다. 칼럼

쓰기가 이 책을 완성하는 데 많은 아이디어를 주었기에, 두 분께 이 자리를 빌려 감사드린다.

차곡차곡 칼럼이 쌓이던 차에 한겨레출판사의 권순범 편집자로부터 날씨와 음악을 연결 지어 책을 써보면 어떻겠냐는 제의를 받았다. 그 후에는 높고 낮은 기압의 파동을 통해서 대기의 율동과 리듬을 느껴보고, 자연이 들려주는 음악에 좀 더 귀 기울여보면서 글의 흐름에도 변화가 왔다.

날씨의 리듬은 생활에서 쉽게 찾아볼 수 있다. 등산할 때 산을 오르내리고 삶에 희로애락이 찾아오는 것과 마찬가지로 날씨도 때로 격렬하고 때로 순탄하다. 밖에 나가 햇살을 맞으며 바람소리를 들어보고, 변화무쌍한 구름의 표정을 읽어보고, 미풍에 실린 향기를 맡고, 촉촉한 대기의 물길을 피부로 느껴보고, 날씨에 얽힌 사연을 되살려 옛 감정을 떠올려본다면 날씨의 음악에 한껏 빠져볼 수 있다.

오랫동안 과학의 입장에서 날씨를 바라보는 데 익숙해져서인지는 몰라도 날씨와 음악의 알레고리를 계속 붙들고 가는 것이 힘에 부쳤다. 그러다 보니 때로는 날씨에 얽힌 역사적 사건이나 그림을 들추기도 하고, 때로는 날씨와 묘하게 닮아 있는 일상사에 멈춰서기도 했다. 그런가 하면 날씨가 보여주는 멋진 풍광을 기억하며 옛 추억을 더듬기도 하고, 기후변화나 자연재해와 연결되는 대목에선 우리의 앞날을 걱정해보기도 했다.

글을 쓰는 동안에도 계절이 바뀌며, 은연중에 시간의 흐름이 날씨에 대한 생각에 영향을 미쳤다. 그러다 보니 이 책도 춘하추동의 바퀴를 따라 사 악장으로 정돈되었고 각 악장은 여러 개의 소주제로 구성되었다. 주제마다 날씨와 관련된 과학 이야기는 최대한 쉽게 풀어 쓰려고 애썼다. 하지만 전문적인 용어를 완전히 피할 수는 없었다. 특히 고기압과 저기압에 대한 설명이 자주 등장하는 까닭에, 독자의 이해를 도우려고 책 앞에 기압을 설명하는 글을 먼저 실었다.

대기의 향연은 언제 어디서나 다채로운 모습으로 펼쳐진다. 조금만 관심을 기울이면 우리 주변에서 날씨의 속삭임을 쉽게 느껴볼 수 있다. 이 책이 날씨가 주는 작은 즐거움을 찾는 데 도움이 되기를 기대해본다.

2023년 7월

이우진

일러두기   저기압과
                 고기압

살다 보면 원기가 넘치는 날이 있고 피곤한 날이 있다. 하루 일이 잘 풀릴 때도 있고 꼬일 때도 있다. 선술집에 들러 저녁을 먹노라면, 이웃 식탁에서 때로는 웃음소리가, 때로는 한숨 섞인 탄식이 들려온다.

함께 사는 사회 안에서 각자 체감하는 경기는 다르다. 경기가 나빠지면 대체로 사는 게 빡빡해지지만, 개개인이 느끼는 건 다르다. 장사를 하는 A는 손님의 발길이 끊길까 걱정하지만 B는 음식 배달 주문이 늘어 얼굴에 희색이 돈다. 제조업에 종사하는 C는 해외 원자재 값이 올라 고민이다. 반면 금융권에서 일하는 D는 채권 가격이 급등해 일손이 바쁘다. 이렇게 다양한 사람들이 만나 각자의 속사정을 얘기한다면 마치 서로 다른 문제를 맞닥뜨린 것처럼 보일지 모르지만, 사실은 경기라는 공통의 화제를 서로 다른 위치에서 체감하고 있는 것뿐이다.

날씨도 마찬가지다. 폭풍우라는 것도 사람마다 생각하는 게 다르다. 폭풍우가 다가올 때 어떤 사람은 구름색이 짙어지고 하늘이 어두워지는 걸 느끼고, 어떤 사람은 갑자기 강해진 남풍에 촉촉한 수분기가 섞여 있는 걸 감지할 것이다. 폭풍우가 바짝 다가오면 누군가는 두 뺨에 보드라운 빗방울을 맞을 것이고 누군가는 목적지로 발걸음을 재촉할 것이다. 그러다 폭풍의 한가운데에 서게 되면 우산으로 장대비를 받아내며 가까운 카페로 서둘러 들어가겠지. 그런가 하면 폭풍우가 지나간 곳에서 누군가는 찬바람에 재킷의 깃을 바짝 세우고 총총걸음으로 귀가를 서두를 것이고, 누군가는 서편 하늘에 뜬 쌍무지개를 보며 콧노래를 부를 것이다. 같은 시각에 같은 날씨를 맞이하는 서로 다른 모습들이다.

경기든 폭풍우든 이를 맞이하는 사람들의 자세는 각양각색이지만 전문 기관은 최대한 객관적인 데이터를 토대로 최대한 객관적으로 설명하려 애쓴다. 그래서 경제 기관에서는 각종 경제지표를 토대로 현재의 경제 상황을 따지고, 기상 기관에서는 기압계를 토대로 저기압에 동반한 눈비, 바람, 구름 등을 해설한다.

매일 텔레비전의 저녁 뉴스에 나오는 일기예보에는 으레 일기도가 등장한다. 산의 굴곡을 등고선으로 지도 위에 그려내듯이, 기압의 고저를 등압선으로 아시아 전도 위에 나타낸다. 1980년대만 해도 기상 해설자가 직접 매직펜으로 등압선을 그려내며 일기를 해설했지만, 지금은 이 모든 것을 컴퓨터 그래픽으로 그려낸다. 일기도에서 맨 먼저 표시하는 건 저기압과 고기압이다. 저기압은 주변보다 기압이 낮은 곳이다. 지형도로 따지면 주변보다 지대가 낮은 분지나 계곡에 해당한다. 고기압은 주변보다 기압이 높은 곳으로, 지형도에서는 고지대 구릉이나 능선에 해당한다.

산에 가면 계곡을 내려갔다가 다시 능선을 타고 오르기를 반복하듯이, 중위도 온대 지방에는 저기압과 고기압이 짝을 이루어 동서로 반복하여 이어지고, 이것들은 편서풍을 따라 서쪽에서 동쪽으로 이동해 간다. 편서풍 띠는 동서로 이어져 있지만 남북으로 사행하기에, 저기압이나 고기압도 이 띠를 따라 남북으로 오르락내리락하며 동진해 간다.

우리나라에서는 한 달에 몇 차례 기압의 파동이 지나가지만, 매번 주기나 크기나 강도나 모양이 다르다. 봄가을에는 특히 저기압과 고기압의 리듬이 뚜렷하고 고기압이 빠르게 이동하므로 고기압에 '이동성'이라는 수식어가 붙여 '이동성고기압'이라고도 한다. 여름과 겨울에는 계절풍의 세력에 가려져서 저기압과 고기압의 패턴이 희미해진다. 여름에는 북태평양고기압이 북상하여 우리나라를 차지하고, 겨울에는 시베리아고기압이 남하하여 우리나라에 뻗쳐 있어, 이보다 세력이 작은 저기압이나 이동성고기압은 상대적으로 운신의 폭이 줄어들기 때문이다.

한편 여름철 한반도로 북상해 오는 태풍도 저기압의 일종이다. 태풍은 열대 해상에서 발생하므로 그 기원을 따라 열대저기압이라 부른다. 통상 저기압이라고 하면 주로 온대 지방에서 동쪽으로 이동하는 저기압을 말하지만, 열대저기압과 구분하기 위해 '온대저기압'이라 부르기도 한다.

한반도에서 날씨의 리듬은 빠른 것에서 느린 것까지 다양하다. 밤낮의 기온 변화가 하루 안에 빠르게 진행된다면, 여름철 장마는 한 달 이상 지속되다가 서서히 평상시 날씨가 회복된다. 그 사이에 저기압과 고기압이 수시로 지나가며 주간 날씨의 변화를 주도한다. 그래서 주간 단위로 일정을 짜고 생활을 하는 일상이나 사회생활에서는 날씨를 매일매일 춤추게 하는 저기압이나 고기압의 움직임이 중요하다.

한반도에 저기압이 접근하면 기압이 낮아지기 시작한다. 먼저 남국의 따뜻한 열기와 수분을 머금은 남풍이 불어와 기온과 습도를 끌어올린다. 저기압 주변으로 모여든 기류가 상승하는 동안 구름이 많아지고 점차 날이 흐려지며 급기야 비나 눈이 내린다. 햇살이 강하거나 상공에 찬 공기가 머무르면 대기가 불안정해지면서 돌풍에 호우나 폭설이 동반되기도 한다.

그러다가 저기압이 우리나라를 통과해 가면 이동성고기압이 들어오며 기압이 다시 높아진다. 바람이 북풍으로 바뀌면서 북쪽의 차고 건조한 공기가 들어온다. 고기압권에서 기류가 완만하게 내려앉는 동안 구름은 소산되고 날씨가 맑아지며 기상 상태가 호전된다. 바람이 강해진다. 겨울철 시베리아고기압이 확장해 올 때는 바람이 더욱 세차게 분다. 하지만 고기압권 중심부에 들어오면 바람도 약해진다. 습할 때는 안개가 끼기 쉽고, 건조할 때는 주변의 먼지나 오염물질이 쌓여 연무가 끼고 하늘이 탁해진다. 맑

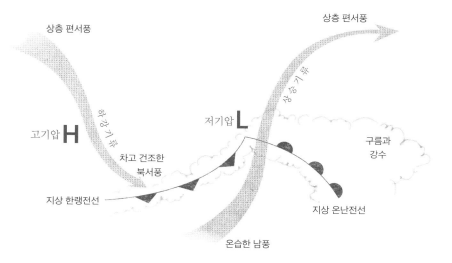

상층 편서풍

상층 편서풍

고기압 H

저기압 L

하강기류

상승기류

차고 건조한
북서풍

구름과
강수

지상 한랭전선

지상 온난전선

온습한 남풍

온대저기압(L)과 이동성고기압(H)

북반구의 경우 저기압 주변에서는 시계 반대 방향으로 바람이 분다. 남쪽에서 따뜻하고 습한 기
류가 저기압 중심을 향해 유입하며 상승한 후 상층에서 편서풍대를 따라 이동한다. 온습한 기류
가 대기의 물길이 되어 북쪽의 서늘한 공기와 만나는 경계에서 온난전선을 형성하고, 비로드같
이 평평한 구름층이 전선대를 따라 발달하여 비나 눈을 뿌린다. 한편 저기압의 후면에서는 북서
쪽 대기 중층에서 차고 건조한 공기가 하강하면서 바람이 점차 거세진다. 남쪽의 온습한 기단과
부딪혀 경계에서 한랭전선을 형성하고, 전선대를 따라 소나기구름이 발달하며, 뇌전을 동반한
폭우나 폭설이 내리기도 한다.

은 날에는 밤새 기온이 빠르게 떨어져 일교차가 크게 벌어진다.

이처럼 하나의 저기압이 통과한 후 연이어 이동성고기압이 지나갈 때까지, 기압이 등락하는 매 단계마다 날씨가 달라진다. 그래서 경기를 파악하려면 물가 지표를 보듯이, 기상 상황을 분석하거나 예보하려면 먼저 기압계를 찾고 주변의 저기압이나 고기압의 동태를 살피게 된다.

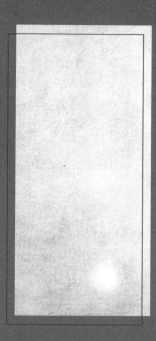

1부

햇빛에
깨어나는
봄

봄의
시작은
매번 다르다

입춘이 지나면 절기상으로는 으레 봄이 문턱에 와 있어야 한다. 하지만 바깥 날씨는 아직 겨울을 가리키는 때가 많다. 사람마다 느끼는 추위는 다르겠지만 개구리가 잠에서 깨어나 밖으로 나온다는 경칩이나 춘분은 지나야 제대로 봄의 온기를 느낄 수 있다.

봄이 오면 새벽길도 한결 훤해진다. 아직 찬 기운은 채 가시지 않았지만 코끝을 찡하게 했던 매운 기운은 사라진 지 오래다. 목을 컬컬하게 했던 마른공기에는 어느새 물기가 늘어나 숨쉬기도 한결 부드럽고 편안하다. 산수유는 만발한 지 오래고, 목련도 꽃봉오리가 부풀어 금방이라도 터질 것만 같다. 공원 산책로나 잔디 위에도 그간 얼었던 땅이 녹아 여기저기 물기가 촉촉이 잡힌다. 누런 잔디 사이로 초록빛 잡초가 여기저기 고개를 내민다. 두툼한 외투를 입었다가도 한낮에는 햇볕이 따가워서 벗어젖힌다.

봄이 되면 두세 달 사이에 평균기온이 10도 이상 높아지는 엄청난 기후변화를 경험하게 된다. 다만 몇 달 뒤에는 본래의 기후로 되돌아올 것임을 알기에 당연하게 감내할 뿐이다. 이맘때쯤 찾아오는 계절의 교대식은 북반구와 남반구가 서로 임무를 맞바꾸는 시기와도 맞물려 있다. 차가운 시베리아에서 적도를 향해 흐르던 대기의 강물은 이제 방향을 바꿔 타는 참이다. 강남에서 제비가 찾아오듯 다시 남쪽에서 따뜻한 기운이 우리나라를 향해 되돌아오는 것이다. 겨우내 메말라 바닥을 드러낸 대기의 물길은 이제 바다를 건너오면서 물이 차오르고 점차 활기를 되찾는다.

봄 날씨는 변덕이 심하다. 양쯔강 자락에서 햇빛을 받으며 자라난 따뜻한 기운은 젊은 혈기를 가졌는지, 북상하면서 세력이 강해지고 아직 가시지 않은 한기와 부딪히며 요란한 폭풍우를 쏟아낸다. 한바탕 소동이 지나가면 미처 후퇴하지 못한 막바지 찬 공기가 다시 내려오며 꽃샘추위가 찾아온다. 대기가 불안정한 탓에 하루에도 몇 차례 소나기가 들이치다가 날이 개기를 반복해 여우가 시집간다는 말이 나올 정도다. 아지랑이라도 끼는 날이면 햇살을 듬뿍 받아 낮밤의 기온 일교차가 15도 이상 벌어지기도 한다. 우리 몸도 날씨의 기복을 미처 따라가지 못해 춘곤증을 느끼고 스트레스를 받는다. 날씨나 신체나 모두 봄이 주는 축복을 받아들이기 전에 톡톡히 신고식을 치르는 셈이다.

이렇게 봄은 변함없이 찾아오건만 그렇다고 늘 같은 시기에 찾아오는 건 아니다. 어떤 해에는 때 이르게 개나리가 피기도 하고, 어떤 해에는 벚꽃이 늦게 피어 미리 준비해둔 축제 행사를 맥

빠지게 한다. 계절이 앞서거니 뒤서거니 할 때마다 기후변화와 온난화를 의심하기도 하고 날씨가 이상해졌다고 푸념하기도 한다.

게다가 따스한 느낌은 기온 상승 외에도 각자의 심리나 감정에 따라서도 달라진다. 아이들이 코로나바이러스에 감염되어 옆에서 간호를 해주어야 할 처지라면 바깥 날씨가 어떻게 흘러가든 신경 쓸 여유가 없을 것이다. 사랑하는 연인에게 이별 통보를 받은 사람은 커피숍 깊숙이 들어온 봄의 햇살에도 좀처럼 마음이 밝아지지 못할 것이다.

마음으로 느끼는 봄에는 개인차가 있다고 대충 넘어가더라도 기상학적으로 봄이 오는 시기가 매번 다른 것은 과학적으로 설명이 필요하다. 우선 바람은 단순히 내 앞에서만 불어대는 대기의 속삭임이 아니라 지구를 뱅 두르고 이어져 있는 커다란 매듭 같은 것이다. 이 매듭은 단순한 모양의 머리띠라기보다는 여기저기 복잡하게 꼬여 있는 라면 가닥에 가깝다. 내게서 물러가는 찬바람이든 나에게 다가오는 따뜻한 바람이든, 바람을 거슬러 가보면 다른 운동과 복잡하게 연결되어 있다.

주변에 흔한 버스 정류장을 지나가는 버스를 생각해보면 알기 쉽다. 광역 버스를 타고 매일 출근하는 A는 아침 7시에 버스 정류장에 미리 나가 기다린다. 30분 전에 종점에서 출발한 버스는 여러 정류장을 거쳐 A가 기다리는 곳에 올 것이다. 평균적으로는 7시 정각에 A의 버스 정류장에 도착하겠지만 매일 버스가 도착하는 시간은 들쭉날쭉하다. 어떤 날은 차가 쑥쑥 빠지면서 정시보다 5분 전에 도착하기도 하고, 어떤 날은 한꺼번에 차가 몰려 정시보다 10분 늦게 도착하기도 한다. 그런가 하면 어떤 날은 도로 공사를 피해 길을 우회하느라 한참이나 늦게 버스가 오기도 한다. 계절의 수레바퀴는 버스 일정표처럼 굴러간다 하더라도 다양한 변수가 거기에 끼어들어 봄이 빨라지기도 하고 늦어지기도 하는 것이다.

저지고기압(blocking high)과 온대저기압(extratropical cyclone)은 계절의 규칙을 따르지 않는 유목민의 기질을 닮았다. 먼저 저지고기압은 흐르는 시내 한가운데를 가로막는 바윗덩어리 같은 것이다. 물이 내려가다 바위를 만나면 양쪽으로 갈라져 흐른다. 바위가 견고하게 버티는 한 주변의 물 흐름도 같은 모양을 계속 유지한다. 바위 바로 뒤편에서는 물살이 바위에 막히고 물의 흐름이 정체된다. 이곳에서는 힘들이지 않고도 가만히 서 있을 수 있다. 주변에서는 물살이 빠르게 흘러가 몸을 가누기 힘든 것과는 대조된다.

물의 흐름과 마찬가지로 대기에서는 동서로 흐르는 편서풍이 저지고기압을 만나면 양쪽으로 갈라져 흐른다. 한 지류는 북쪽으로 돌아가고 다른 지류는 남쪽으로 돌아간다. 갈라진 지류가 바람의 방향을 바꾸고, 그 바람이 다른 날씨를 몰고 온다. 만주 북쪽에 저지고기압이 형성되면 저지고기압의 남쪽을 돌아 나온 편서풍 기류가 한반도에서 만난다. 북서쪽에서 찬 공기가 내려오면서 한파가 한동안 이어진다. 통상 저지고기압의 수명은 1, 2주 정도이므로, 저지고기압 주변의 이례적인 한파도 짧으면 1주, 길게는 2주 이상 지속된다. 대기의 흐름은 기다란 매듭 같은 것이라서 한쪽이 볼록하게 나오면 그 주변은 오목하게 들어가는 파동의 모양새를 취한다. 볼록한 곳이 저지고기압이라면 오목한 곳은 절리저기압(cut-off low)이 된다. 저지고기압이 정체하는 고기압이라면, 절리저기압은 정체하는 저기압이다.

온대저기압은 저지고기압보다 짧은 주기로 날씨의 변동을 가져온다. 삼한사온(三寒四溫)이라는 고사 성어처럼 일주일 사이에 한란(寒暖)의 기복을 보이는 것도 이 때문이다. 온대저기압은 편서풍 기류에 실려 흘러간다. 저지고기압이 편서풍대를 남북으로 흔들어대면 그 길을 따라 흐르는 온대저기압도 덩달아 남북으로 춤을 춘다. 시냇물을 따라 흘러내려 가는 보트가 바위를 만나면 물살을 따라 주변으로 돌아가는 것과 같다.

만주 북쪽에 절리저기압이 형성되면 온대저기압이 U자 모양으로 중국 북부에서부터 한반도로 내려왔다가 다시 동해 북부 해상으로 말려 올라간다. 온대저기압이 한반도로 내려오면 먼저 남풍이 온습한 공기를 싣고 와서 잠시 기온이 오르고 눈이 내리다가도 저기압이 지나가면 북풍이 극지의 차가운 공기를 끌고 내려와 기온을 크게 떨어뜨린다.

계절의 행진에 따라 봄이 오더라도 언제 저지고기압이나 절리저기압이 편서풍대를 가로막고, 언제 온대저기압이 우리나라를 지나가느냐에 따라 봄은 앞서기도 하고 뒤서기도 한다. 춘분이라도 우리나라 북쪽에 절리저기압이 걸려 있어서 추위가 지속되면 다음 절기인 청명까지도 이상 저온이 나타날 수 있다. 그런가 하면 동서 기류의 흐름이 막히면서 고압대가 한반도 주변에 버티면 연일 맑은 날씨에 햇빛을 듬뿍 받으면서 지면 기온이 가파르게 상승한다. 이런 때는 봄철이라도 한낮 기온이 큰 폭으로 올라가며 때 이르게 초여름 날씨를 보이게 된다.

옷차림도 변수다. 옷이 피부를 감싸고 있을 때는 옷의 보온성이나 통풍성에 따라 체감온도가 달라진다. 날씨에 예민한 이들은 매일 일기예보를 보면서 옷차림을 달리하겠지만, 또 다른 이들은 자신의 계절 감각을 따를 것이다. 이들은 때가 되면 얇고 가벼운 옷으로 갈아입는다. 계절 감각을 삐끗하게 하는 건 고온 현상이 지속된 직후에 찾아오는 꽃샘추위다. 이미 세탁해서 장롱 깊숙이 처박아놓은 겨울옷을 꺼내 입자니 번거롭고, 그냥 버티자니 춥다. 봄옷으로 버티다가는 감기에 걸리기 십상이다. 따지고 보면 꽃샘추위는 햇빛이 대지를 깨우는 계절의 흐름과 때 맞춰 발달한 온대저기압의 주기가 맞아떨어지며 나타난다. 온대저기압이 접근할 때는 남풍이 불어와 봄을 재촉하지만, 저기압이 지나갈 때면 차가운 북풍이 내리꽂히며 다시 겨울을 부른다. 몸과 마음은 이미 봄을 맞을 채비를 하고 있을 때 역주행하는 날씨가 빚어낸 해프닝이다.

일기도의 봄은 동아시아 대륙을 지배하던 찬 고기압 세력

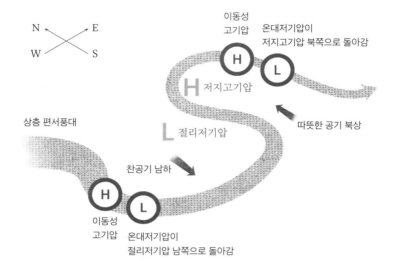

편서풍대의 사행과 이상 기상

여객기가 편서풍대(또는 제트기류)를 따라가는 것처럼, 온대저기압(L)과 이동성고기압도 짝을 이루어 상공의 편서풍대를 따라 서에서 동으로 이동해가며 날씨 변화를 주도한다. 때로 편서풍대가 남북으로 사행하면 온대저기압이 곧장 동쪽으로 진행하지 못하고 남북으로 이동하면서 날씨의 흐름도 정체한다. 편서풍대가 남쪽으로 처져 내려오는 곳에는 찬 절리저기압(L)이 버티면서 꾸물꾸물하고 궂은 날씨가 반복된다. 반면 편서풍대가 북쪽으로 쳐 올라가는 곳에는 따뜻한 저지고기압(H)이 버티면서 대체로 평이한 날씨가 지속된다. 저지고기압으로 기압계가 정체하는 경우 봄철이라면 비가 적어 밭 가뭄이 심해지기도 하고, 여름철이라면 고온에 폭염이 이어지기도 한다.

이 여러 개로 쪼개지며 시작된다. 일기도는 느리거나 빠른 리듬이 뒤섞여 있는 악기의 경연장이다. 겨우내 우리나라에 머물렀던 시베리아 동장군은 말발굽 소리를 내며 잰걸음으로 달아나다 점차 둔탁한 북소리를 내며 사라진다. 저 멀리 오키나와 남쪽에서 북상할 시기를 엿보는 북태평양고기압은 라르고에 저음의 콘트라베이스로 속삭인다. 우리나라를 지나가는 온대저기압은 고음의 바이올린이 되어 알레그로 템포로 경쾌하게 읊조린다. 다양한 기압 배치가 각각의 음색과 리듬을 뽐내는 동안 일기도의 경연은 다음 악장으로 넘어간다.

전에는 악장마다 연주 시간이 비슷했지만 최근 온난화가 가속화되면서 그 길이도 달라지는 추세다. 봄을 노래하는 1악장은 짧아지고, 대신 2악장의 여름은 점점 길어진다. 악장을 다시 육등분한 절기는 우리 선조들이 살았던 시대의 기후와는 맞아떨어졌을지 모르지만 오늘날에는 조금씩 엇박자를 내고 있다. 기후가 변화한 탓이다. 거기에 날씨까지 춤을 추면서 우리가 체감하는 계절의 시작과 끝도 오락가락한다. 하지만 일 년 전체를 통틀어 보면 자연이 긴장과 이완, 강약을 조절해가면서 한 편의 완전한 교향악을 우리에게 들려주는 걸 알 수 있다.

날씨의
———————— 변주곡

소나무에 새순이 돋은 지 얼마 안 된 것 같은데 벌써 산천은 초록빛으로 가득하다. 나뭇잎은 하루가 다르게 넓어져서 제법 뜨거워진 햇살을 절반쯤은 가려준다. 그 사이로 꽃과 풀의 향기가 바람을 타고 흘러온다. 그늘에 가만히 있어도 춥지 않고, 햇빛 속에서 조금 빨리 걸어도 덥지 않다.

자연이 주는 싱그러움은 봄에서 여름으로 넘어가는 요맘때만 누릴 수 있는 우리의 특권이다. 꽃의 화려함으로 따지자면 열대지방만 한 곳이 없다. 색상도 다채롭고 크기도 다양하다. 열대 우림에는 빽빽하게 푸른 나무가 들어차 하늘이 보이지 않는다. 하지만 고온에 습기가 많아 후덥지근하고 쾌적한 느낌을 갖기 어렵다. 남반구 고위도 지방도 열대 못지않게 경관이 수려하다. 가을에서 겨울로 접어들었지만 아직은 그리 춥지 않고 주변에 꽃도 많이 남아 있다. 다만 초목이 성장을 멈추고 잎의 푸른빛이 바래어 젊음을 느끼게 해주지는 않는다.

계절의 수레바퀴가 굴러가면 지구 곳곳에서 돌림노래가 들려온다. 북반구와 남반구가 마주 보고 서로 다른 성부를 번갈아 맡아 합창한다. 북반구가 봄을 노래하면, 반년의 박자를 쉬고 나서 남반구에서 다시 봄이 시작된다. 북반구가 여름으로 가는 동안 남반구는 겨울을 부르며 화음을 맞춘다. 포크댄스를 출 때 짝이 서로 팔짱을 끼고 돌듯이 양 반구의 돌림노래는 지구와 태양이 함께 돌기 때문에 가능한 것이다.

이 중 어느 것이 중심인지를 놓고 격렬한 논쟁이 있었다. 중세 교황청은 태양이 지구를 돈다고 했으나 갈릴레오 갈릴레이는 지구가 태양 주위를 돈다고 주장하여 교황청의 미움을 샀다. 자신이 만든 망원경으로 행성의 움직임을 관찰한 끝에 얻은 과학적 결론이었다.

17세기 막강했던 신학의 권위 앞에서 과학은 무릎을 꿇어야 했고, 고령의 과학자는 피렌체 밖의 별장에 연금되어 여생을 고독하게 보내야 했다. 맞은편에 보이는 수도원에는 미혼의 큰딸이 머물고 있었다. 지척에서 가난과 병마에 시달리는 자녀를 위해 편지를 쓰는 것 외에는 아무것도 해줄 수 없는 아버지의 심정은 얼마나 타들어갔을까.

갈릴레오 갈릴레이에게 음악가 집안의 내력이 없었다면 부침이 심한 운명의 고초를 견디기가 더 힘들었을 것이다. 아버지 빈센초 갈릴레이와 동생 미켈란젤로 갈릴레이는 모두 뛰어난 비파 작곡가였다. 갈릴레오 갈릴레이도 비파 연주에 능해서 틈나는 대로 아버지나 동생의 작품을 연주했던 것으로 전해진다. 사방이 단절된 별장에서 홀로 세상과 맞섰던 갈릴레오 갈릴레이는 대신 하늘을 향해 마음을 열고는 밤이면 밤마다 빛나는 별을 바라보며 비파를 연주하여 마음을 달랬을 것이다.

아름답게 어울리는 것에 황금 비율이 관여한다면 태양 주위를 도는 행성의 운항 규칙과 도미솔의 화음 사이에도 통하는 게 있을 것이다. 행성이 태양 주위를 공전할 때 태양과의 거리와 공전 주기 사이에는 일정한 수적 비례 관계가 있다. 마찬가지로 비파 현의 길이를 3분의 2 비율만큼 줄이면 도에서 솔로 음계가 높아진다. 갈릴레오 갈릴레이를 과학으로 인도했던 우주의 질서는 악기를 통해 음악으로 재현되고 음악은 세상의 섭리를 다시금 깨우치게 하여 삶을 지탱하는 힘을 주었을 것이다.

별자리가 움직이듯이 자연이 질서 정연하게만 진행한다면 무척이나 따분한 일상이 될 것이다. 사막 한가운데에서 낮 기온은 섭씨 40도를 웃돌지만 밤 기온은 영하 4도까지 떨어진다. 남극에서는 캄캄한 겨울이 6개월간 이어진 다음 훤한 여름이 6개월간 이어진다. 한란의 교차가 극심하고 빛과 어둠이 대조를 보이더라도 같은 선율과 리듬이 반복되면 감각은 이내 무뎌지고 감옥에라도 갇힌 듯 가슴이 답답해질 것이다. 이런 곳에 오래 머무르면 규칙성의 덫에 걸려, 무풍지대에서 오도 가도 못 하는 뱃사람처럼 차라리 바다에라도 빠지고 싶은 심정이 들 것이다.

어릴 때 자주 불렀던 〈반짝반짝 작은 별〉은 선율이 단순해서 쉽게 따라 부를 수 있다. 누군가가 이 곡을 반복해서 들려준다면 금방 싫증을 느끼게 될 것이다. 하지만 모차르트가 내놓은 변주곡을 들으면 연주가 끝날 때까지 쉬지 않고 재잘대는 종달새 소리를 듣는 것처럼 유쾌해진다. 음악의 대가는 주제 선율을 유지하면서도 화성이나 리듬을 조금씩 다르게 12번이나 변형하여 곡의 분위기를 시종 새롭게 이어준다. 한편으로는 민요 가락에 담긴 태아적 모성에 지속적으로 호소하고, 다른 한편으로는 화려한 기교와 장식으로 변화를 불러일으키며, 안정과 갈등의 타협을 모색한다. 변하지 않는 것이 새로운 것을 담을 수 있는 공간을 열어주어, 조화와 평화를 느끼게 한다.

대기도 쉴 새 없이 변주곡을 연주한다. 태양의 동선에 따라 기온이 올랐다 떨어지는 낮과 밤의 주제 선율이 흐른다. 여기에 아무 때고 구름이 끼어들면서 기온의 변주가 이어진다. 밤에 구름이 끼면 대지의 열을 가두는 이불 역할을 해서 기온이 더디게 떨어진다. 겨울 밤 별이 총총할 때는 기온이 빠르게 하강하여 몸이 으스스하고 어깨가 움츠러들지만, 구름이 하늘을 덮으면 마치 모자라도 빌려 쓴 것처럼 덜 춥게 느껴져서 연인들은 손을 잡고 거리를 걷는다. 한편 낮에 구름이 끼면 해를 가려 기온이 서서히 올라간다. 여름 한낮 태양이 머리 위에서 작열할 때는 무더위에 어깨가 축 처지지만 구름이 끼고 여기에 산들바람까지 가세하면 시원한 느낌에 기운이 솟는다. 밤과 낮의 규칙적인 리듬 위에 구름의 양에 따라 긴장과 이완이 일어나며 신체는 탄력을 유지하게 된다.

온대저기압이 진행하면 좀 더 긴 호흡을 갖는 날씨의 주제 선율이 흐른다. 어제는 남쪽에서 따뜻한 바람을 몰고 오며 구름으로 천지를 뒤덮고 비를 뿌리더니, 오늘은 맑게 갠 하늘에 북쪽에서 찬 공기를 끌어내려 쾌적한 순간을 선사한다. 한반도를 지나가는 온대저기압의 모양이나 세기나 이동 경로가 달라지면서 날씨의 변주가 이어진다. 어떤 때는 남해에 발달한 저기압이 지나가며 많은 비와 바람을 가져다주는가 하면, 다른 때는 만주 지방에 약한 저기압이 지나가며 비의 양은 적은 대신 먼지와 황사를 불러온다.

매년 봄은 오고 때가 되면 여름에 자리를 넘겨주지만 봄 날씨는 매일 다르고 또한 매년 다르다. 계절의 행진이 저음의 반주를 지속적으로 연주하며 탄탄하게 베이스를 깔면 그 위로 날씨가 다채로운 변주곡으로 음악을 더욱 풍성하게 장식해주는 것이다.

어린아이의 웃음처럼 맑게 갠 봄날이면 양지바른 풀밭에 땅을 베개 삼아 누워 하늘을 보고 싶다. 구름은 쉴 새 없이 지나가고 여기서 생겼다 저기서 사라진다. 햇살에 하얗게 반짝이는 뭉게구름만 하더라도 어찌나 빠르게 모양이 달라지는지 현기증을 느낄 정도다. 하지만 어머니의 품에 안긴 듯 대지의 따스함이 느껴지면 변화무쌍한 구름이 연출해내는 드라마도 마냥 즐겁기만 하다. 날씨의 변주가 아름다운 건 오랜 세월 견고하게 삶의 터전을 지탱해주었던 땅의 숨결이 함께하기 때문일 것이다.

대기의
———————— 운명

　요일을 확인하면서 지구 바깥의 행성을 떠올리지는 않는다. 하지만 화수목금토는 태양을 도는 행성의 이름이기도 하다. 인공 조명으로 탁해진 요즘 도심에서 여전히 밤하늘을 수놓는 건 행성 밖에 없다. 육안으로 보기에, 화성은 붉은빛이 감돌며 격렬한 느 낌을 준다면 금성은 아이보리에 황색이 섞여 우아한 느낌을 준 다. 금요일은 주말에 대한 기대감으로 포근한 느낌을 준다면 화 요일은 바쁜 한 주의 정점으로 가는 길목에 있어, 왠지 소란스러 운 느낌을 주기도 한다. 그렇다면 금요일과 화요일의 기원이 되 었던 금성과 화성은 실제 금요일 및 화요일과 비슷한 대기 특성 을 가지고 있을까?

　우주로 비상한 누리호를 보면, 언젠가는 우리도 주변 행성으 로 날아가 신세계를 개척할 수 있을 거라는 꿈을 꾸게 된다. 행성 마다 기상관측소가 세워지고, 매일 아침 방송에서는 세계 날씨에 이어 주변 행성의 날씨가 나올 것이다.

먼저 금성에 간 기상예보관은 너무 뜨거운 나머지 지표에는 내려가 보지도 못하고 상공만 빙빙 돌 것이다. "제가 나와 있는 곳은 금성의 80킬로미터 상공입니다. 현재 기압은 1000헥토파스칼(hPa)입니다. 오늘은 종일 구름이 끼어 날이 흐리고 황산 비가 내릴 것이므로, 반드시 방독면을 착용하시기 바랍니다. 기온은 높아 폭염경보가 발효 중입니다. 강풍으로 태풍경보가 발효 중이며 풍속은 시속 360킬로미터가 넘습니다. 지표 온도는 480도로 추정됩니다만 수은온도계가 녹아내릴 만큼 뜨거워서 현장 관측은 불가능합니다. 다음 아침 예보는 240일 후에 보내드리겠습니다. 다시 날이 밝을 때까지 저는 긴 교대 근무에 들어갈 예정입니다. 참고로 이곳에서는 장기 일기예보를 따로 내지 않습니다. 자전축이 똑바로 서 있어서 계절 변화가 작은 데다가 밤새 태양 주위를 한 바퀴 돌고도 시간이 남아 날이 새면 사계절이 이미 지나가 버리기 때문이지요. 한 가지 특기 사항은 이곳에서는 이상하게도 모든 것이 지구와 반대 방향으로 돌아간다는 점입니다. 내일 해가 서쪽에서 뜨더라도 제 얘기는 믿으셔야 합니다. 뚜뚜뚜. (잠시 통신 사정이 좋지 못한 점 양해 바랍니다.)"

다음으로 화성에 간 기상예보관은 현지 관측에 나선 미국 로봇 '퍼서비어런스'와 중국 로봇 '주룽'과 교신하며 다음과 같이 일기예보를 할 것이다. "저는 지금 붉은빛이 감도는 자갈밭에 나와 있습니다. 현지에 나가 있는 로봇 리포터 주룽을 불러보겠습니다. 어제 이후 밤새 달린 것 같은데 몇 센티미터도 못 움직였네요. 주룽 로봇 리포터, 현재 기온이 몇 도인가요?" "삐삐삐. 최저 기온은 -107도입니다. 낮 최고 기온은 -17도로 일교차가 매우 크고, 한낮에도 한파경보가 유효하므로 동상을 입지 않게 각별히 주의 바랍니다. 삐삐삐." "네, 주룽 로봇 계속 수고해주세요. 현재 기압은 100헥토파스칼로서 에베레스트 꼭대기보다도 높은 곳에 와 있는 기분입니다. 숨이 차서 인터뷰는 곤란하고 대신 문자로 보냅니다. 오늘은 종일 맑으나 미세먼지 나쁨입니다. 오후 한때 대기가 불안정하여 먼지 폭풍과 미세먼지 경보가 예상되므로 KF-94 마스크를 꼭 쓰시기 바랍니다. 겨울이 오면서 북극에는 얼음 지역이 늘어나고, 최저 기온은 -143도가 예상됩니다. 하얀 얼음은 절대 손으로 만지시면 안 됩니다. 드라이아이스에 손이 델 테니까요. 다음 예보는 내일 아침에 전해드리겠습니다. 참고로 장기 예보는 6개월치를 한꺼번에 드리게 됩니다. 이곳에서는 여름과 겨울이 각각 6개월씩 이어집니다."

앞에서 말했듯이 육안으로 보면 금성은 아이보리에 황색이 섞여 우아한 느낌을 주는 반면, 화성은 붉은빛이 감돌아 격렬한 느낌을 준다. 그래서인지 고대부터 금성은 아름다움을 상징하는 비너스 여신으로 섬겨졌다. 저녁이나 새벽에 환하게 반짝이는 샛별(금성)을 보면서 소원을 빌기도 했다. 반면 화성은 그 붉은빛이 피를 연상시킨 탓인지 전쟁의 신으로 숭상받았다. 두 행성의 색깔이 이렇게 다른 것은 대기의 특성이 다르기 때문이다. 금성에서는 이산화탄소가 매우 두껍게 행성을 에워싸고 있어서 햇빛이 대기층을 뚫고 들어가기 힘들어 상당량이 반사된다. 구름층에 햇빛이 반사되어 빛나듯이 이산화탄소 대기층에 햇빛이 반사되어 우리에게 돌아오므로 밝게 빛나 보이는 것이다. 반면 화성은 공기가 희박하여 반사되는 햇빛이 적을 뿐만 아니라 행성의 토양에 많이 분포하는 산화철이 먼지가 되어 비산하여 대기 중에 많이 떠 있다. 이 산화철 먼지들이 파장이 짧은 파란빛은 많이 흡수하는 대신 파장이 긴 붉은빛은 많이 산란하여 우리에게 전달하기 때문에 화성이 검붉어 보이는 것이다.

일찍이 행성의 운항 규칙을 집대성한 천문학자 케플러(Johannes Kepler)는 행성의 운동 법칙이 음악의 화음과 동일한 조화 속에서 이루어진다고 믿었다. 행성은 태양 주위를 타원궤도로 공전할 때 거리가 멀어지면 느리게 이동하고 거리가 가까워지면 빠르게 이동한다. 이동 속도가 느려졌다 빨라지고 다시 느려지는 것이, 마치 낮은 음과 높은 음 사이를 매끄럽게 이어서 노래하는 발성법과 흡사하다고 보았다. 태양과의 거리가 가까울수록 태양의 인력에 끌려가지 않으려면 태양 주위를 더 빠른 속도로 돌아 원심력을 키워야 한다. 그래서 태양에 가까운 행성은 높은 소리를 내고 먼 행성은 낮은 소리를 낸다고 본 것이다.

영국 작곡가 구스타브 홀스트(Gustav Holst)는 한때 점성술에 흥미를 가졌고 이것이 모티브가 되어 1916년에 〈행성(The Planet)〉

이라는 관현악 모음곡을 작곡했다고 전해진다. 점성술에 전해지는 행성의 뜻을 본떠서 행성마다 독특한 이미지를 음악에 담아냈다. 금성은 평화를 가져오는 행성으로, 여신의 우아한 자태를 흠모하듯이 아름답게 그려냈다. 정화수를 떠놓고 새벽별을 보면서 하루의 평화와 안식을 빌기라도 하듯이, 또는 저녁별을 보면서 사랑하는 연인에게 내 사랑을 전해달라고 빌기라도 하듯이 바이올린의 선율이 비단 올을 풀어헤치는 것처럼 부드럽고 섬세하게 흐른다. 반면, 화성은 전쟁을 부르는 행성으로, 강렬하고 도발적으로 그려냈다. 지구를 침공하는 외계인이 일렬종대로 행진하며 팡파르를 울리듯이 트럼펫과 금관악기가 쩌렁쩌렁 울린다.

금세기 우주 탐사로 금성과 화성의 대기가 간직한 실상이 속속 드러나면서 신화 속의 이야기나 홀스트가 보여준 행성의 이미지는 뭔가 엇박자가 난 듯한 느낌이다. 금성의 대기는 평화롭기는커녕 태풍의 한가운데보다 빠르게 움직인다. 황산 가스가 많아 피부가 노출되면 화상을 입게 된다. 지표면 가까이 내려가면 대기압의 90배나 되는 압력 탓에 산소가 있다 하더라도 숨쉬기가 불가능하다. 더구나 단테의 《신곡》에 나오는 지옥 불처럼 금속이 녹아내릴 정도의 고열로 사람이 도저히 살 수 없는 곳이다. 반면 화성은 전쟁의 신이라고 보기에는 생각보다 조용하다. 먼지가 많고 종종 먼지 폭풍이 일기는 하지만 금성처럼 시도 때도 없이 강풍이 불지는 않는다. 지구처럼 하루하루가 반복되고 계절 변화도 뚜렷하다. 기온은 시베리아 동토보다 차갑지만 그래도 섭씨 400도가 넘는 금성의 고열보다는 나은 편이다. 과체중으로 고민하는 사람이라면 이곳의 중력이 지구의 10분의 1에 불과한 만큼 하늘을 날듯이 가볍게 걸을 수 있다는 것은 보너스다. 화성은 금성과 마찬가지로 물과 산소를 구하기는 어렵지만 그래도 금성보다는 살 만한 곳이다.

태양계가 형성될 즈음에는 우주 먼지들이 중력에 서로 이끌리며 합종연횡하여 비슷한 시기에 행성들이 만들어졌을 것이다. 금성과 화성도 지구와 유사한 환경에서 출발했을 텐데, 어찌하여 지금은 전혀 다른 길로 들어선 것일까?

아마 처음에는 다른 행성도 지구처럼 대기 중에 수증기가 있었을 것이다. 태양이 별의 진화 과정에서 안정기에 이르자 행성의 온도가 내려가면서 수증기 일부가 표면에 떨어져 바다를 이루기도 했을 것이다. 그런데 태양과 가까운 금성은 열기를 많이 받은 만큼 바닷물이 빠르게 증발했을 것이다. 대기가 온실처럼 햇빛을 가두어서 기온은 빠르게 상승했을 것이다. 중력이 작은 대기 상부에는 가벼운 기체들이 포진했을 것이다. 게다가 금성 내부의 온도가 균질해지며 대류가 약해지자 자기장이 소멸되고 태양풍이 직접 금성의 대기를 자극했을 것이다. 그러면서 가벼운 기체부터 에너지가 넘쳐나 서로 충돌하다가 조금씩 대기 밖으로 나갔을 것이다. 결국 무거운 이산화탄소만 대기 중에 남아 지금과 같이 물도 바다도 없는 뜨거운 행성이 되었을 것이다.

한편 화성도 처음에는 금성처럼 대기 중의 수증기가 응결하여 바다를 이룬 때가 있었을 것이다. 다만 화성은 지구보다 태양에서 멀리 떨어져 있는 만큼 열기가 덜해 기온이 낮았을 것이다. 표면에 달라붙은 얼음이 기화하면서 점차 대기 상부에도 수증기가 채워졌을 것이다. 화성의 무게는 지구의 10퍼센트에 불과하여 중력이 붙드는 힘이 약하다. 게다가 언제부턴가 화성의 내부가 식어가며 자기장이 소멸되고 태양풍이 직접 화성 대기를 자극했을 것이다. 그러면서 가벼운 기체부터 빠르게 대기 밖으로 나갔을 것이다. 대기 중에 남은 온실 기체가 점차 줄어들어 태양열을 감싸줄 보호막이 느슨해졌을 것이고 그에 따라 기온은 더욱 가파르게 떨어졌을 것이다. 공기가 희박하여 기압이 낮고 차가운 대기에서는 물방울이 있더라도 금방 수증기로 변한다. 표면의 얼음도 순식간에 기화한 다음 대기 상부로 빠져나가 오늘날의 차가운 행성으로 남게 되었을 것이다.

한때는 상상력을 자극하고 동경을 자아냈던 미지의 세계였지만, 우주 탐사선이 현지의 척박한 기상 조건을 하나둘 밝혀낼 때마다 정작 우리를 놀라게 하는 것은 이 땅에서 당연하듯 향유해온 지구 대기의 예외적 유일성이다. 금성과 화성의 대기는 대부분 이산화탄소로 이루어져 있다. 우리가 온난화의 주범으로 지목한 바로 그 온실 기체다. 대기층이 두터운 금성은 표면의 열을 가두어 뜨거운 행성이 되었다. 반면 대기층이 얇은 화성은 표면의 열이 쉽게 빠져나가면서 차가운 행성이 되었다.

두 행성의 사이에 있는 지구는 전혀 다른 길을 돌아왔다. 바다가 생기면서 광합성을 일으키는 박테리아가 등장해 대기 중에 산소를 뿜기 시작했다. 산소가 늘면서 다양한 생명체가 진화했다. 그리고 오늘날과 같은 대기와 암반과 바다가 서로 지지하며 꿈틀대는 살아 있는 지구가 진화했다. 이산화탄소는 대기 중에 떠 있는 공기 분자 1만 개 중에 네 개에 불과한 미량인데도 그것이 유발하는 기후변화를 보면 자연의 균형이라는 것이 얼마나 위태롭고 불안정한지 깨닫게 된다. 그래서 산업 활동으로 이산화탄소가 배출되는 동안에도 공기 대부분을 차지하는 질소와 산소와 수증기가 지구 시스템 안에서 끊임없이 생성 소멸하며 일정한 농도를 유지해왔다는 것이 더욱 경이롭기만 하다.

하나뿐인 지구에서 요즈음 온실 기체가 증가하며 향후 기후변화에 대한 고민이 깊다. 두 행성이 지구 대기의 운명에 주는 시사점은 무엇일까?

매일 90톤가량의 기체가 이래저래 지구를 벗어나 우주로 나간다. 다만 대기 전체의 질량에 비하면 미량이라서 태양이 노쇠하여 폭발하기 전에 지구 대기가 먼저 소멸하는 일은 없을 것 같다. 게다가 지구 내핵에서 고열로 회전하는 액체가 자기장을 만들어내 태양풍을 차단하고 대기의 외피가 소실되는 걸 막아준다. 문제는 현재 진행 중인 지구온난화가 가속될 경우다. 온실 기체가 늘면 지구 온도를 높이고 온도가 높아지면 수증기가 더 많이 증발한다. 수증기의 증발량이 늘면 온실효과가 더욱 커져서 지구 대기는 더 빠른 속도로 더워지고 언젠가 금성처럼 바다가 모두 증발하게 될지도 모른다. 지구는 금성보다 태양에서 멀리 떨어져 있어서 다행히 태양에너지를 금성만큼 많이 받지는 않지만 온실기체가 꾸준히 증가할 경우 지구의 미래 모습은 금성의 대기가 진화해온 과정을 닮아갈 것이기 때문이다.

한편 지구 대기가 화성 대기로 이행할 가능성은 없는 걸까? 지난 수백만 년간 지구 대기는 몇 차례 빙하기를 거쳤다. 지구는 태양 주변을 타원궤도로 돈다. 태양에서 멀어질수록 지구가 받는 에너지는 줄어든다. 한편 지구의 자전축은 23.5도 기울어 있어서 북반구의 경우 여름에 해의 남중고도가 높아지고 겨울에는 낮아진다. 남중고도가 낮아질수록 단위면적마다 태양에서 받는 에너지도 작아진다. 공전궤도와 자전축의 각도가 달라지면서 여름에 덜 덥고 겨울에 더 추운 시기가 왔을 때, 지구가 태양에서 받는 에너지가 작아지고 여기에 여러 요인이 더해져서 지구 기온이 하강하는 빙하기가 된다. 이런 천체 운항의 변화가 아니더라도 화산폭발로 화산재가 대기 위로 올라가 태양빛을 가리면서 지구 전역에서 한파와 일조 시간 부족으로 2년 이상 심한 기근이 지속된 적이 있었다. 과거 빙하기를 겪었던 만큼 지구가 화성같이 차가운 행성으로 진화해갈 가능성을 전혀 무시할 수는 없을 것이다.

최근 대기 중에 배출되는 이산화탄소의 양은 인류 역사상 유례를 찾기 어려울 정도로 빠르게 증가하고 있다. 이런 속도라면 향후 50~100년 동안 지구의 평균기온은 2~6도, 또는 그 이상 높아질 수 있다고 과학자들은 경고한다. 당장은 온난화가 대세라서 100년 후의 기온 상승을 고민하지만, 우주의 시간으로 본다면 이웃 행성의 이야기가 지구 대기의 운명을 말해줄지도 모른다.

대기는 홀로 존재하지 않는다. 이 땅은 우주의 먼지가 굳어진 것이고, 우리가 마시는 공기도 흙과 바다에서 유래한 것이다. 언젠가 태양과 이 땅의 수명이 다하면 바닷물이 끓어올라 금성처럼 뜨겁고 무거운 대기가 될지도 모르고, 이산화탄소가 얼어붙어 화성처럼 차갑고 가벼운 대기가 될지도 모른다.

먼지
──────── 없는
세상

책상 위를 치워보면 안다. 필요한 것과 불필요한 것의 경계가 모호하다는 것을. 처음 책상을 들여왔을 때, 텅 빈 광활한 공간에는 오직 습자지와 필기구만 놓여 있었다. 손길 닿는 곳마다 여백으로 가득해 마치 상상력이 충전되는 것만 같았다. 하지만 이것도 잠시. 하루가 멀다 하고 책은 물론 시시콜콜한 생활 소품들이 들어차면서 결국 치우는 걸 포기하고 말았다. 책상 위에 겨우 책 한 권 펼쳐놓을 곳과 그 옆에 A4 종이 한 장을 놓을 곳을 사수하는 데도 힘이 든다. 잡동사니만 책상 위를 점령한 게 아니다. 그 위에 어느새 먼지가 소복이 쌓였다. 대체 이 먼지들은 어디서 온 것일까. 집 안 어디에도 보이지 않던 것들이 대체 어디서 생겨났단 말인가.

대기 중에는 보이지 않는 먼지가 가득하다. 이 먼지들은 기체 분자보다는 크지만 머리카락 굵기의 10분의 1도 안 될 만큼 미세하다. 사막이나 건조한 들판에서는 늘 바람에 실려 먼지가 날아오른다. 바다에서는 파도에 물거품이 일고 대기 중으로 튕겨나간 바닷물이 증발하며 소금기 있는 먼지가 만들어진다. 그런가 하면, 화산 폭발로 용암 일부가 기체가 되어 뿜어져 나와 먼지가 되기도 한다. 이것들은 자연산 먼지다. 반면 발파 중인 공사장에서 날아오른 인공적인 먼지도 있다. 화장실에서 세제를 만지작거릴 때 대기 중에 퍼져나가는 액상 분말이나, 고등어를 구울 때 비린내와 함께 새어 나오는 연기나, 한겨울 자동차 뒤편에서 배출되는 매연도 있다. 이것들은 모두 사람이 개입하여 만들어낸 오염된 먼지다. 물론 자연에서 배출된 먼지라도 자연이 이미 오염되어 있다면 인체에 해롭기는 마찬가지다. 이것들은 대기 중에서 바람에 실려 떠다니다가 실내로 들어와 책상 위에 앉기도 하고, 숨 쉴 때 콧구멍을 통해 몸 안에 들어오기도 한다. 그뿐인가, 방금 앞서가던 사람이 내쉬던 날숨에 섞여 있던 미세 분말이 공기 중에 떠 있다가 내가 그곳을 지나갈 때 들숨에 섞여 체내로 들어오기도 한다.

먼지는 향수처럼 특유한 성분의 냄새로 후각을 자극하거나 황사처럼 자동차 창문에 한데 달라붙어 큼지막한 자국을 남길 때가 아니면 좀처럼 그 모습을 드러내지 않는다. 하지만 이것들도 햇빛을 피하지는 못한다. 워낙 크기가 작아 그 그림자를 분간하기는 어렵지만 빛이 먼지를 통과하면 사방으로 산란하여 우리 눈에 반짝이는 모습을 이내 들키고 만다. 해가 뜨고 실내가 훤해지며 책상 위에 햇빛이 직접 내리쬐자, 실내 공기가 춤추는 모습이 보이기 시작한다. 실내 가득 사방에 이것들이 꽉 들어차 있다. 그중 일부만 책상 위에 앉은 것이 고마울 정도다.

먼지 중에서도 크기가 작은 것들은 숨 쉴 때 몸에 빨려 들어와 폐에 오래 머무르게 되므로, 미세하고 오염된 먼지일수록 각종 호흡기 질환을 유발하거나 건강에 좋지 않은 영향을 미친다. 오염된 미세먼지가 뇌의 활동을 둔화시킨다는 얘기도 들은 적이 있다. 미세먼지 농도가 높은 날에는 가능하면 실내에 머무르며 먼지를 많이 마시지 않는 것이 상책이다.

자연산 먼지는 주로 주변 나라의 사막이나 건조 지대에서 많이 일어나 바람을 타고 우리나라로 이동해 온다. 봄철이 되면 몽골이나 중국 북부의 건조 사막지대에서는 눈이 증발하여 지표면이 노출되고, 온대저기압이 지나갈 때마다 강풍에 땅 위의 먼지가 날린다. 작은 먼지는 3~5킬로미터 이상 위로 올라가 바람을 타고 이동한다. 북서풍이 불기 시작하면 이것들이 물밀듯이 한반도로 밀려온다. 바야흐로 황사의 계절이 시작된다. 누런 황토가 주로 날린 덕분에 먼지도 노릿한 색을 띤다. 꽃가루가 날리는 시기와 겹치며, 때로는 색깔이 비슷한 송홧가루가 황사로 오인되기도 한다. 황사가 먼 길을 날아오는 동안 큰 먼지는 중간에 가라앉아 버리고 한반도 상공에는 크기가 작아 가벼운 것들만 도착한다. 그러고는 차 안이나 도로나 실내에 내려앉는다. 어떤 때는 봄비에 섞여 내리는 바람에 황톳물이 곳곳에 자국을 남긴다. 황토는 알칼리 성분을 많이 함유하고 있어서 이것이 내려앉은 곳에는 산성기가 중화된다. 또한 풍부한 미네랄이 함께 들어와 토양을 비옥하게 하거나 바다에 영양분을 공급해주는 이점도 있다. 하지만 황사의 발원 지역이 오염되고 황사의 이동 과정에서 중국이 배출한 각종 오염 물질이 섞이면서 인체에도 해를 입힐 가능성이 커졌다.

한편 생활공간 주변에서는 각종 액상 부유 물질이 나온다. 자동차는 연신 매연과 유해 기체를 뿜어내고, 발전소를 비롯한 산업 지역에서도 쉴 새 없이 오염 물질이 대기 중으로 배출된다. 이것들이 햇빛과 만나면 몸에 해로운 2차 먼지가 만들어진다. 국지적인 오염 물질의 유일한 배출구는 머리 위 하늘이다. 아직 고공의 대기에는 이것들이 다시 화학적으로 분해되어 사라질 때까지 청소부의 역할을 할 수 있는 여력이 있다. 문제는 대기 안정도다. 통상 대기는 높이 올라갈수록 기압이 낮고 공기가 가벼운 구조라서 수직으로 공기가 쉽게 섞이지 않는다. 부력을 받기 어려운 안정한 구조인 것이다. 하늘이 열려 있다고 해서 무작정 지상의 먼지가 수직으로 높은 곳까지 확산하는 건 아니라는 얘기다.

여름철에는 북태평양의 온습한 기단이 한반도에 들어오면서 대기 안정도가 낮아진다. 게다가 한여름의 태양은 남중고도가 높아서 뜨거운 열을 내는 데다 낮이 길어, 대지는 더 쉽게 더 오래 달궈진다. 그래서 도심의 오염 먼지는 쉽게 상공으로 확산하므로 지상 부근의 먼지 농도는 낮아진다. 대기가 안는 먼지는 여전히 많지만 수직으로 높은 곳까지 먼지가 폭넓게 섞이는 만큼, 적어도 지상 부근에서 숨 쉬는 우리로서는 견딜 만한 먼지 농도인 것이다. 또한 장맛비가 자주 내리고 오후에 소나기도 내리면서 남아 있던 먼지를 씻어내므로 대기 중에 먼지가 줄어드는 것도 긍정적인 면이다. 때로 서풍을 타고 중국 남부의 오염 먼지가 들어오지만 대체로 남풍이 우세해서 오염이 덜 된 남쪽 바다의 공기를 끌어올 때가 많기 때문에 다른 계절보다는 먼지 농도가 낮은 편이다.

문제는 겨울이다. 겨울에는 북쪽에서 남하한 찬 공기가 대기 하층부에 깔리기 때문에 대기 안정도가 높아진다. 게다가 밤이 길고 남중고도는 낮아서 낮 동안 지면이 받는 일사만으로는 대지가 그렇게 달구어지지 않는다. 겨울에 주변에서 배출한 먼지는 위로 확산되기 어려워서 지상 부근에 쌓이고 주변의 먼지 농도가 올라간다. 게다가 겨울철에는 우리나라 북서쪽에 있는 만주와 북한에서 땔감을 때면서 배출한 외국산 먼지들이 북서풍을 타고 들어와 국내에서 배출한 먼지와 함께 쌓이므로 미세먼지 농도가 극도로 높아진다. 특히 산업 활동으로 만들어낸 일산화질소, 이산화황 같은 기체들은 햇빛과 작용하여 오존 등의 2차 유해 물질을 잔뜩 만들어낸다. 이런 물질은 두통을 일으키거나 신경계에 장애를 유발하기도 한다.

대기 중의 먼지는 틈만 나면 창틈이나 문틈으로 스멀스멀 집 안으로 들어온다. 집 안을 깨끗이 청소해도 바깥에서 들어오는 먼지를 피할 수는 없다. 소중한 사람을 담은 사진 액자, 눈을 부릅뜨고 들여다보며 글자를 입력하는 컴퓨터 화면, 머리맡에 하룻밤 놔둔 안경 렌즈에도 예외 없이 먼지가 낀다. 이사할 때가 되어 냉장고를 들어내면 뒷면이나 위에 얼마나 수북이 먼지가 쌓였던지 물수건으로 닦아도 검은 때가 좀처럼 빠지지 않는다. 결벽증이 심한 이들은 매일 실내 구석구석을 닦아보지만 대기가 있는 한 먼지와의 싸움은 끝나지 않는다. 그래서 먼지는 혐오의 대상이자 불편한 동거인일 수밖에 없다.

그런데 먼지가 없다면 과연 세상이 더 아름다워질 수 있을까? 그 답은 구름에 물어봐야 한다. 먼지가 없다면 구름이 끼기도 어렵고 비도 보기 어려울 것이기 때문이다. 깨끗한 환경에서 수증기가 응결하려면 대기 중의 상대습도가 100퍼센트인 것만으로는 부족하다. 이보다 훨씬 과밀하게 수증기가 대기 중에 포개져야 한다. 자연 상태에서 쉽게 도달하기 어려운 조건이다. 하지만 먼지에는 수증기가 쉽게 달라붙을 수 있고 이것이 씨앗이 되어 쉽게 구름방울로 성장할 수 있다. 물이 지나치게 깨끗하면 물고기가 없듯이 대기도 너무 깨끗하면 구름이 만들어지지 않는다. 파란 하늘에 조각구름이 뜨고, 때가 되면 비나 눈이 내려서 만물이 성장하고, 비구름이 물러가면 무지개를 볼 수 있는 것도 사실 먼지가 있어서 가능한 일이다. 갖기 싫은 먼지가 대기 중에 떠 있어서 세상이 멋지게 돌아간다는 게 사람 사는 이치와 별반 다르지 않다는 느낌이 든다. 개성이 다르고 생각이 달라서 이해할 수 없는 사람들이 함께 세상을 만들어간다는 느낌 말이다.

날씨의
―――――― 리듬

다른 나라에 가면 풍광이 다르고 사람 생김새도 다르고 먹는 것도 다르다. 민속음악과 춤도 예외가 아니다. 날씨에 따라 그날의 옷차림과 기분이 달라지듯이 삶의 즐거움과 애환을 표현하는 방식도 달라진다. 지금은 서양 음악이 국내에 널리 보급되어 국악은 생활공간에서 조금씩 멀어지고 있지만 여전히 우리 정서에는 선조들이 즐겨 노래하던 가락과 음률이 살아 있다. 그래서인지 여행을 가면 현지인들이 선보이는 춤곡과 율동이 우리 것과 사뭇 다르다는 것을 금방 알게 된다.

우리나라를 비롯한 중위도 권역에는 계절을 막론하고 편서풍 띠를 따라 온대저기압이 자주 지나다닌다. 그때마다 롤러코스터를 타는 것처럼 날씨가 심하게 요동친다. 저기압이 지나가면서 바람이 거세게 몰아치다 잠잠해지고, 눈이나 비가 한동안 쏟아지다 그친다. 봄가을 남풍이 불면 초여름이나 늦여름 더위를 보이다가도 저기압이 지나간 후 북풍이 불면 다시 겨울이 온 듯 추워진다.

온대저기압이 접근해 오면 먼저 남풍이 따뜻한 공기를 몰고 와 포근한 날씨가 한동안 이어진다. 그러다가 높은 구름이 끼기 시작하고 점차 낮은 구름이 채워지며 하늘이 어두워지고 나면 이내 비나 눈이 온다. 시들어 있던 이파리가 비를 맞아 푸릇푸릇 탄력을 되찾고, 새들도 저기압이 몰고 온 바람과 돌풍에 대기를 떠도는 곤충을 잡느라 분주하게 떠들어댄다. 막바지에 천둥 번개를 동반한 격렬한 소나기가 한바탕 내리고 나면 날이 개기 시작한다. 북풍이 찬 공기를 끌어내리며 하루 이틀은 청명한 날씨가 이어진다. 온대저기압이 지나갈 때마다 날씨의 장단에 맞추어 동식물이 반응하듯이 중위도권에 사는 사람들도 다채로운 춤곡을 즐기는 것 같다.

유럽 국가들은 우리나라보다 위도가 높다. 스웨덴 스톡홀름은 위도가 서울보다 22도나 높고 영국 런던도 14도나 높다. 멕시코만을 지나 대서양에서 치고 올라오는 난류 덕분에 이 도시들은 대체로 기후가 온화하다. 하지만 기압계가 변해 북풍이 내려올 때면 북극에 가까운 만큼 극지의 찬 공기가 빠르게 밀려온다. 갑자기 한겨울이라도 된 듯 날씨가 급변한다. 그래서인지 유럽인들의 춤곡은 일반적으로 템포가 빠르다. 빠른 4분의 2 박자의 폴카를 듣고 있으면 경쾌한 리듬과 속도감에 빨려 들어간다. 그러면서도 한겨울 추위를 피하고자 총총걸음으로 서둘러 집으로 향하는 것처럼 왠지 뭔가에 쫓기는 듯한 느낌이 드는 건 나뿐일까.

음악의 도시 빈은 그나마 위도가 낮은 편이다. 그래도 서울 보다는 11도나 고위도다. 그래서인지 4분의 3 박자의 왈츠는 폴카만큼 빠르지는 않더라도 여전히 경쾌한 분위기를 자아낸다. 얼음판 위에서 스케이트를 타며 살살 미끄러지거나 바다에서 서핑 보드를 타며 오르락내리락하듯이 유연하고 부드러운 느낌을 준다. 비슷한 위도인 스위스 산악 지대에서는 알프호른과 요들송이 알프스의 산과 산을 돌아 메아리친다. 목가적이고 청초한 분위기는 색다르지만 리듬과 쾌활함은 여전하다. 스페인 남부 세비야는 위도가 서울과 비슷한 37도다. 플라멩코 춤곡은 격렬한 몸동작으로 절도 있는 변화를 줄 때가 아니라면 대체로 완만하게 이어지며 정중동(靜中動)의 느낌을 준다. 기타로 연주하는 선율에는 우리 트로트처럼 서정성이 물씬 배어 있다. 게다가 복잡한 박자에 격한 리듬이 섞인 것이 마치 우리 사물놀이에서 장구나 꽹과리의 리듬을 연상시킨다.

우리나라도 온대저기압의 혜택을 받고 있어, 음악이 다채롭고 정서가 풍부하다. 몸 안에 있는 나쁜 기운을 몰아낸다는 살풀이의 경우 장구의 박자에 맞추어 아쟁이 때로는 느리고 때로는 빠르게 구성진 선율을 내놓는다. 하얀 천을 허공에 펼치며 한을 풀어내는 무희의 몸놀림이 우아하면서도 절도 있다. 그런가 하면 수제천의 경우 조금 느리면서도 기품 있는 선율이 천상의 평화와 안식을 가져다준다. 태평소와 대금이 강약을 반복하며 청아한 음색으로 읊조릴 때면 마치 내가 조금씩 하늘 위로 올라가는 듯한 착각을 하게 된다. 우리 가락과 선율은 유럽 민속음악 중에서 남부 유럽풍에 가까운 것 같다. 위도와 기후가 비슷해서인지, 스페인 남부 안달루시아 지방의 춤곡은 서정적이면서도 구성진 것이 우리 정서와 닮았다. 그곳은 한때 이슬람 제국에 편입되어 그 문화의 영향을 받은 적이 있으므로, 아랍 음악과 춤에서도 유사한 흔적을 찾아볼 수 있을 것이다.

남반구도 북반구와 마찬가지로 중위도권에는 온대저기압이 지나간다. 아르헨티나의 수도 부에노스아이레스는 위도가 서울보다 3도 낮아, 우리 남해안에 해당하는 34도. 이 지역의 유명한 춤곡인 탱고는 4박자의 중후한 리듬에 애잔한 선율이 넘나든다. 스페인 남부 춤곡과 마찬가지로 탱고의 느린 선율 속에도 마음 저 깊은 곳에 침전해 있는 감정을 되살려주는 마력이 있는 것 같다. 미국 남부 뉴올리언스는 제주 서귀포보다 위도가 3도나 낮아, 여름이면 우리 장마철처럼 습하고 더운 기운이 올라오는 곳이다. 게다가 오래전 아프리카에서 건너온 흑인의 애달픈 삶의 흔적이 녹아 있는 곳이다. 그래서인지 색소폰과 함께 흘러나오는 재즈도 비록 박자와 리듬은 다르지만 선율에서는 고향을 향한 향수를 달래주듯, 아니면 하루의 노고와 피로를 씻어내듯 달콤한 안식이 느껴지기도 한다.

대중가요를 보더라도 북유럽보다는 남유럽이 우리 음악과 더 가까운 것 같다. 이탈리아의 칸초네나 프랑스의 샹송은 발라

드풍의 다소 느린 박자에 서정적인 선율이 돋보인다. 반면 영국이나 스웨덴의 가요는 빠른 템포에 록의 격렬한 리듬이 섞인 것이 많다. 우리나라의 경우 일제강점기와 한국전쟁 중에 자주 불렸던 트로트풍이나 1970~80년대 포크송이 대체로 이러한 분위기와 공명하는 면이 없지 않다. 물론 미국의 팝 문화가 생활 속에 파고들면서 빠르고 격한 록이 많이 접목되기도 했지만 말이다.

한편 열대지방은 중위도와 달리 온대저기압이 지나가지 않으므로 큰 구도에서 보면 날씨가 단조롭다. 사시사철 더운 날씨가 반복된다. 오후 한때 어김없이 소나기가 내린다. 연일 같은 날씨지만 하루 24시간을 두고 보면 날씨 변화가 중위도 지역보다 심한 편이다. 아침이 지나면 기온이 크게 오르고 오후가 되면 하늘이 캄캄해지며 한 시간여 동안 천둥 번개를 동반한 강한 스콜이 사방을 흔들어놓는다. 그러고 나면 언제 그랬냐는 듯이 다시 더운 날씨가 밤까지 이어진다. 그래서인지 아프리카 열대 지역의 토속 음악을 들어보면 엇박자가 나는 것 같으면서도 격하고 빠르고 다소 소란스러운 분위기가 난다. 선율은 리듬에 묻혀 잘 들리지 않는다. 뭔가 차분하게 생각할 여유를 주지 않는다. 가슴보다 몸이 먼저 움직이고 싶은 충동을 느낀다.

한편 우리나라는 유럽과는 달리 여름에는 몬순 계절풍의 영향을 많이 받는다. 장마철이 되어 끈적끈적 습기가 높아지고 연일 구질구질 비가 내리고 나면 한동안 무더운 날씨가 이어진다. 이러한 기후 조건은 인도에서 동남아시아를 거쳐 중국과 일본에까지 닿아 있다. 그래서인지 이들 나라의 토속 음악에는 한결같이 느리고 끈끈하게 이어지는 선율이 자주 등장한다. 여름 몬순은 남반구에서 넘어온 기류가 아프리카 동안을 지나고 아라비아 반도를 거쳐서 아시아 대륙으로 이어진 것이다. 이슬람 문화권의 음악도 템포가 느려서 벨리댄스처럼 몸동작이 크지 않으면서도 부드럽고 우아한 동작에 어울린다. 마치 〈아리랑〉 가락 속에 끈끈하고 애절하게 이어지는 선율이나 살풀이 또는 승무의 부드러운 춤사위와 통하는 부분이 있는 것 같다.

　인류가 진화해 오는 동안 날씨의 리듬은 우리 몸속에 체화되었을 것이다. 그리고 그 리듬이 몸의 율동으로 드러날 때에도 지역 특유의 기후라는 프리즘을 거치면서 지역마다 다른 양식으로 다듬어졌을 것이다. 세계 각지에서 고장 특유의 음악과 춤을 마주할 때마다 그 안에 투영된 자연의 다채로운 풍미를 느껴보게 된다.

흙이
———————— 하는
대화

멀리 지평선을 경계로 대기와 땅이 갈라선다. 대기가 자유롭게 위로 한없이 뻗어간다면 땅은 아래로 막혀 있는 듯 답답하다. 대기는 먼지가 부유하여 질감이 부드럽다면 스카이라인에 걸린 땅 위의 구조물은 견고하다. 걸을 때마다 마시는 공기는 구멍이 송송 뚫린 솜사탕처럼 가벼운 반면, 두 발로 딛고 선 땅은 속이 꽉 찬 초콜릿케이크처럼 중량감이 느껴진다. 이처럼 대기와 땅 사이에는 결코 섞일 수 없는 간극이 있는 것만 같다.

우리가 느끼는 것과는 다르게 대기는 땅속으로 이어져 있다. 터널 속으로 공기가 죽죽 들어온다. 그 안에 동물이 살고 우리도 자동차를 타고 그 안을 지나간다. 땅속에 큰 구멍을 내지 않더라도 흙에는 보이지 않는 빈틈이 많다. 그 안으로 공기가 쉴 새 없이 들락날락한다. 수많은 곤충과 미생물이 그 틈새로 공기를 마시며 살아간다. 사고로 며칠이고 땅속에 갇힌 사람도 흙 안으로 들어온 산소를 마시고 어디선가 흘러든 이슬방울로 목을 적시며 구조될 거라는 희망을 품을 수 있는 것이다.

흙은 물 순환을 통해서 끊임없이 대기와 소통한다. 비나 눈이 오면 지면에 흐르는 물은 땅속으로 스며든다. 일부는 지하 수로를 통해 강으로 빠져나가지만 나머지는 토양에 저장된다. 토양의 수분은 증발하여 수증기가 되고 땅속의 빈틈을 통해 대기 중으로 빠져나간다.

흙에는 식물이 뿌리를 내리고, 그 주변에 많은 미생물이 공생한다. 이것들도 숨을 쉬며 대기와 소통한다. 나뭇잎이 광합성을 하여 햇빛을 화학에너지로 변환하는 동안에도 뿌리를 통해 흙 속의 수분을 빨아올려 대기 중으로 내보낸다. 그게 아니더라도 더운 날에는 사람이 땀을 배출해 열을 식히듯이 식물도 체온을 조절하느라 잎을 통해 수분을 대기 중으로 날려 보낸다. 흙과 주변 식물이 대기로부터 받은 물은 다시 수증기가 되어 대기로 되돌아간다. 공기는 하늘에만 떠 있고 물은 땅 위로만 흐른다고 생각하기 쉽지만 실은 땅속으로 이어져서 쉬지 않고 순환한다. 그런 점에서 땅은 하늘의 연장선이고 하늘은 땅의 기운이 퍼져가는 곳이다.

흙은 암석이 가루로 변한 것이다. 물이 바위를 씻어내면 고운 모래가 하류에 쌓여 있다가 지층이 융기하면 흙이 된다. 얼음이 벌린 빈틈으로 바람이 암석의 표면을 깎아 날려 보내면 어딘가에 고운 가루가 내려앉아 흙이 된다. 달걀로 두드려 바위가 깨질 만큼이나 장구한 세월이 흐른 후에야 비로소 흙이 된다. 그래서인지 흙에는 지구가 탄생할 때부터의 깊은 세월이 녹아 있고 지구의 역사가 침전되어 있다. 오랜 시간 공들여 다듬어낸 흙 위에 대기가 비나 눈을 내려서 수분을 제공한다. 거기에 햇빛이 내리쬐면 온갖 동식물과 균류가 자라나는 터전이 된다.

크게 보면 늦가을부터 초봄까지는 계절적으로 건조한 시기다. 겨울에는 날이 춥기도 하지만 토양이 메말라 식물이 자라기에는 악조건이다. 가을에 일찍 이파리를 내던지고 기공을 닫아 체내 수분을 보호하는 것도 이 때문이다. 겨울철에는 간간이 눈이 내리기는 하지만 강수량이 적다. 수도권을 비롯한 내륙 지방에는 몇 년에 한 번 정도 10센티미터 이상의 큰 눈이 쌓이지만 그래 봐야 빗물로 환산하면 10밀리미터밖에 안 된다. 비 또는 눈이 오거나 쌓인 눈이 녹을 때마다 흙 속에는 수분이 충전된다.

하지만 토양이 머금은 수분은 매일 증발하여 빈틈을 통해 조금씩 대기 중으로 빠져나간다. 건기에는 간간이 비나 눈이 내려 토양의 수분이 충전되더라도 증발하여 대기 중으로 달아나는 수분이 더 많기 때문에 토양의 수분은 계속 줄어든다. 그러다가 이른 봄이 되면 토양의 수분 함유량은 최저치가 된다. 산불이 나도 이때가 제일 위험하다. 초목이 맨땅과 마찬가지로 바짝 말라 있어 불쏘시개가 되기에 최적의 조건을 갖추었기 때문이다.

봄비가 내리고 이어 장마철 집중호우가 여기저기 쏟아지면 토양은 다시 물로 넘쳐난다. 흙 속으로 스며들어 빈틈을 채우고

지하 수로로 빠져나오고도 넘쳐나는 빗물은 땅 위로 뱉어진다. 자연 범람이 일어나는 것이다. 펜션을 짓느라 나무를 베고 땅을 반반히 하느라 토사를 여기저기 파헤친 곳에서는 뿌리를 내리지 못한 흙이 물길을 따라 쉽게 휩쓸린다. 땅의 변심을 붙잡아둘 안전망이 사라진 탓이다. 토양의 수분이 포화된 상태에서 집중호우가 쏟아지면 땅이 화를 내며 토사를 내뿜는다. 진흙탕에 물길이 만들어지고 토사가 함께 휩쓸려 내리면서 계곡 아래 농지와 민가를 덮친다.

　도심이라고 예외는 아니다. 도로는 아스팔트로 포장되어 있고, 길 안쪽에는 콘크리트 건물이 들어차 있다. 빗물이 불투수층에 막혀 땅속으로 스며들 수 없는 구조다. 그러다 보니 강한 비가 쏟아지면 멀쩡한 도로가 수로로 변한다. 비가 조금만 와도 청계천이 쉽게 넘치는 것도 같은 이유에서다. 여기저기 내린 빗물이 지형이 낮은 곳을 향해 내려가다 한데 모이면서 급류가 되어 순식간에 저지대를 덮친다. 도로 밑에서는 좁은 하수구가 물길을 감당하지 못해, 맨홀을 제치고 역류한 물이 도로 위로 분수처럼 솟구친다. 지하철도 잠기고 도로 주변 상가도 잠긴다. 몇 시간도 채안 되어, 도심 한가운데에서 홍수가 일어나는 것이다. 게다가 물길이 언덕을 쓸고 가면 도심 주변에서도 산사태가 난다. 10여 년전 우면산 자락의 토사가 호우로 쓸려 내려와 큰 도로를 가로막고 길 건너편 아파트 현관에까지 들이닥치지 않았던가.

　우리나라는 여름철에 연 강수량의 절반 이상이 내린다. 특히

6월 하순부터 7월 사이에 찾아오는 장마철에 집중적으로 내린다. 그러다 보니, 이 시기에 때맞춰 큰비가 오지 않으면 땅이 물을 가두지 못해 문제가 된다. 여름에는 태양의 남중고도가 높아 어느 때보다 햇볕이 따갑다. 그만큼 토양의 온도가 높아지면서 토양이 머금었던 수분이 빠른 속도로 증발하여 대기 중으로 빠져나간다. 그러다가 가을로 넘어가 건기로 접어들게 되면 간간이 지나가는 온대저기압이 비를 내려도 강수량이 그리 많지 않다. 가을에는 대기가 불안정하여 소나기가 자주 오지만 소나기는 국지적으로 비를 뿌리기 때문에 넓은 지역의 해갈에는 별 도움이 되지 않는다. 여름에서 가을로 가는 동안 비가 적게 내리면 그사이에 빠져나간 수분을 보충하지 못해 토양은 윗부분부터 메말라간다. 제일 먼저 밭작물이 시든다. 밭작물은 대개 지표 부근에만 뿌리를 내리기 때문에 조금만 비가 부족해도 금방 잎이 시드는 것이다.

그러다가 강수량이 가장 적은 겨울을 맞는다. 눈이 간간이 대지에 내리는 동안에도 흙에서는 여전히 수분이 증발하여 대기 중으로 빠져나간다. 봄이 시작됐는데도 비는 오지 않고 점차 햇살이 강해지며 땅의 수분이 더욱 빠르게 증발하면 심각한 가뭄이 든다. 장마철에 이상기류로 북태평양고기압이 때 이르게 한반도를 감싸, 비는 찔끔 오고 대신 불볕더위가 유난히 기승을 부리면 가뭄의 전조가 되는 경우가 많다. 이상기후로 여름부터 다음 봄까지 하늘에 있는 대기의 물길이 평소와는 다르게 흘러가면 이런 일이 벌어진다.

저수지나 댐이 가둔 호수에서도 끊임없이 물이 증발한다. 가뭄이 심해지면 고인 물도 점차 수위가 낮아진다. 토양의 수분이 줄어든 만큼 지하 수로에도 물이 마르고 강과 하천에도 유량이 적어진다. 요즈음에는 큰 강줄기마다 다목적댐이 많이 건설되어 많은 물을 가둘 수 있게 되었다. 그 덕분에 가뭄이 와도 버틸 힘이 예전보다 세지긴 했다. 가뭄은 천천히 찾아와 오랫동안 사회 여러 분야에 전방위적으로 피해를 준다. 처음에는 농지의 물이 마르고, 점차 공장에 필요한 물을 대기 어렵게 되며, 종국에는 먹을 물마저 부족해진다. 가뭄은 국민 생활에 큰 고통을 주는 기상재해인 만큼 멀리 내다보고 여러 부처가 힘을 합쳐 관리해야 할 대상이다.

지하 수로나 강을 거쳐 바다로 흘러간 물은 수증기로 증발하여 대기로 옮겨간다. 이 수증기는 어딘가로 이동해 구름이 된다. 구름에서 비나 눈이 땅 위에 내리면 물의 순환 고리가 완성된다. 흙이 없으면 물을 저장하기 어렵고 강줄기도 메마른다. 물을 먹고 사는 땅속 생물의 다양성도 사라질 것이다. 흙이 있기에 물은 흙과 대기를 오가며 순환할 수 있고, 이 땅도 생명력을 계속 유지할 수 있는 것이다.

2부

물길 따라
젖어드는
여름

평이한
——————— 날씨

고향을 떠올리면 마음이 포근해진다. 그리고 어릴 적에 맡았던 냄새가 그리워진다. 집 마당을 지나다니던 닭이나 소가 여기저기 흘려놓은 배설물이 비가 오면 도랑에 섞여 내뿜던 야릇한 냄새. 논두렁에서 미꾸라지 잡는다고 도랑을 막고 물을 퍼낼 때 함께 배어 나온 진한 흙냄새. 그러고는 날이 저물도록 함께 동네를 뛰어다니던 친구들의 땀 냄새가 머릿속에서 뒤섞인다.

하지만 평소에는 목전의 일에 치이고 삶을 헤쳐나가느라 고향 생각이 좀처럼 떠오르지 않는다. 고향은 수면 아래 감추어져 있는 빙산 같은 것이다. 베이스처럼 선율에 안정감을 주어 균형을 잡아주기는 하지만 고음의 주 선율에 가려 전면에 드러나지 않는다. 하지만 외국에 나가 평소와는 완전히 다른 음식과 말과 풍경을 마주칠 때면 불현듯 고향의 체취가 떠오른다.

날씨도 마찬가지다. 외국에 나가 생경한 날씨를 마주쳐야 비로소 두고 온 고향의 날씨가 고개를 든다. 서남아시아의 건조 지대에는 매일 맑은 하늘에 해가 뜨고 지는 날씨가 반복된다. 지평선에는 대기 중에 떠 있는 먼지들이 햇빛을 산란하여 마치 얇은 구름이 띠 모양으로 떠 있는 모습으로 보일 뿐 하늘에 새로운 것이라곤 없다. 열대지방으로 가보면 갖가지 신기한 열대 식물들이 넓은 잎을 펼치고 꽃마다 다채로운 색상을 선보이는 것과는 달리, 매일 오후 한때 스콜이 내리는 단조로운 날씨가 반복된다. 이런 곳이라면 변화무쌍한 우리 날씨와 큰 대조를 보이는 만큼 이국적인 느낌도 커질 수밖에 없다. 후덥지근하다가도 비가 내린 후에는 화창하게 날이 개고 시원한 바람이 불어오는 우리나라의 리드미컬한 날씨가 그리워진다.

그런데 외국이라도 우리와 비슷한 중위도 온대 지방의 날씨라면 좀 애매한 구석이 있다. 늦은 봄철 영국 교외 주택가를 거닐다 보면 얼핏 그곳 날씨가 우리 날씨와 크게 다르지 않게 느껴진다. 집집마다 앞뜰이 개방되어 길가를 걸어도 마치 공원을 산책하는 기분이 든다. 잘 깎인 초록빛 잔디 위에 길게 고개를 내민 튤립이 대비되어 동화 속 오솔길을 걷는 것 같다. 날씨가 좋은 날이면 아침을 가르는 공기도 더없이 상쾌하다. 따가운 봄 햇살이 얼굴에 내리고 하늘에는 조각구름이 하얗게 빛나지만 고향의 봄과는 뭔가가 다르다. 개나리와 진달래와 목련이 뒤섞여 피어나고 철쭉이 어우러진 곳. 봄볕이 따갑게 비치고 하늘에는 탁한 황사 기운이 뻗어 하늘색이 연해진 곳. 사방에서 꽃가루가 날리고 조금은 습한 기운이 감도는 고향의 봄바람과는 뭔가 다른 것이다.

매일매일의 날씨가 겹치고 겹쳐서 기억 속에 침전된 날씨 스크랩북은 여러 장의 사진을 한데 포개놓은 것처럼 복잡하다. 우선 기억 속에 강한 인상을 남긴 것들이 떠오른다. 대개는 날씨가 돌변해 깜짝 놀랐다든가, 아니면 날씨 때문에 힘들었다는 사연들이다. 장대비가 내린 날 불어난 개울물이 성난 모습으로 흘러가는 것을 다리 위에서 넋 놓고 보았던 일, 처음 학교에 등교해 운동장 조회를 하던 날 꽃샘추위에 바들바들 떨었던 일, 여름날 뙤약볕 속에서 도보로 야외 탐방에 나섰다가 비지땀을 흘리며 당장에라도 일사병으로 쓰러질 것만 같았던 일, 칼바람이 파고드는 추위에도 피부가 튼 손을 호호 불어가며 연을 날렸던 일, 모처럼 함박눈에 하얗게 덮인 거리에서 미끄럼을 탄 일 등이 떠오른다.

그 와중에 섞여 들어가 있던 평탄한 날씨는 좀처럼 기억해내기 어렵다. 날이 좋을 때는 정신없이 뛰어노느라 하늘 쳐다볼 시간이 없어서였을까? 아니면 하늘을 쳐다봐도 딱히 기억할 만한 뭔가가 없어서였을까? 그것도 아니라면 날씨가 워낙 무덤덤해서였을까? 이런 날씨들은 색깔이 없고 특이한 인상도 없다. 익숙하고 편안해진 습관처럼 무의식 속에 박혀 있다. 하지만 날씨가 돌변하여 비바람이 몰아치거나 강추위가 밀려오면 비로소 평탄한 날씨의 희미한 인상이 수면 위로 올라온다. 그러면서 고향에서나 느낌직한 어머니 품속의 포근함이 그리워진다.

장마철에 북태평양고기압의 가장자리를 따라 남서풍을 타고 수증기의 물길이 한반도로 밀려오면 여기저기 집중호우가 쏟아진다. 평소 같으면 비가 와도 한나절이면 날이 개고 하늘이 벗겨지지만 이때는 완전히 다르다. 하늘은 종일 흐리다. 간혹 구름 사이로 해가 비치다가도 이내 구름으로 뒤덮이기 일쑤다. 그 와중에도 하늘색은 쉬지 않고 변화한다. 구름이 진해졌다가 옅어지기를 반복한다. 그런가 하면 잿빛 구름 아래에 검은 구름 조각들이 여기저기 떠 있다가 바람을 타고 빠르게 이동한다. 먹구름이 지나는 곳마다 강한 비가 쏟아지다 그치기를 반복한다.

레이더에 강우 신호가 포착되면 예보실에서는 강한 비구름대를 추적하느라 정신이 없다. 구름은 일렬종대로 전진하다가 어느 순간 정체하기도 하고 갑자기 럭비공처럼 건너뛰기도 하면서 지나는 곳마다 큰 상처를 남긴다. 마치 산불이 도로를 뛰어넘어 새로운 숲으로 번져가듯이 중부에서 남부로, 남부에서 북부로 비구름대가 옮겨 다닌다. 그런 때는 실황을 중계하듯이 영향권에 있는 지방자치단체와 수시로 연락을 취하며 비구름의 동태를 알려야 한다. 그리고 저지대 주민을 대피시키거나 도로를 통제해야 피해를 줄일 수 있다. 뇌출혈이 발생했을 때 즉각 응급조치를 하거나 가까운 병원으로 빠르게 이송해야 골든타임을 놓치지 않는 것과 같다.

호우로 인한 비상 상황은 종종 하루를 훌쩍 넘겨 며칠씩 이어진다. 콩 볶듯이 날씨에 따라 춤추다 보면 어느새 몸도 마음도 모두 지친다. 밤을 꼴딱 새우는 바람에 정신은 몽롱하다. 그러나 아무리 긴 터널도 끝이 있듯이 시간이 지나면 기나긴 폭우와의 전쟁도 잠깐 휴식기에 들어간다. 한반도에 들어찬 수증기가 비로 소진되고 더는 연료가 남아 있지 않으면 먹구름도 잠시 주춤해진다. 가려진 구름 사이로 언뜻언뜻 실오라기 같은 하늘색이 묻어난다. 햇살이 다시 비치면서 조금 전까지 콸콸 도랑물이 쓸려가던 길가도 금방 마른 모습을 되찾는다. 비 올 때의 축축한 기운이 조금 사그라졌을 뿐인데 빨래 건조실에 온 것처럼 뽀송뽀송해진 기분이 든다. 호우 특보가 모두 해제되면 우리는 귀가를 서두른다. 한동안 옷을 갈아입지 못해, 몸에서는 꾀죄죄한 냄새가 나는 것만 같다. 일시적으로 북쪽의 서늘한 공기가 남하하면서 바람이 살랑인다. 땀이 빠르게 식고 갑자기 초가을 같은 상쾌함이 찾아온다. 귀갓길에 저녁놀이라도 마주치게 되면 잠깐 찾아온 평화가 한없이 아늑하다. 고된 여정도 시간이 흐르면 즐거운 추억으로 남듯이 지난 며칠간 폭풍우와 치른 힘겨운 싸움도 다시 찾아온 평이한 날씨의 고요함 속에서 아름다운 경험으로 채색되는 것이다.

평탄한 날씨가 없다면 험궂은 날씨도 견디기 어려울 것이다. 폭풍우에 모진 바람과 세찬 비가 몰려와도 시간이 지나면 다시 바람이 잦아들고 햇살이 비치면서 삶은 그럭저럭 이어진다. 내리막과 오르막이 번갈아 이어지는 둘레길을 그저 뚜벅뚜벅 걸어 나가듯이 어느 구간이 더 편한지, 또는 더 불편한지 따지는 것은 무의미하다. 평이한 날씨는 교향곡이나 협주곡의 2악장 같은 것이다. 느린 안단테 박자에 맞추어 고요하고 정적인 선율이 흐른다. 그 평온함이 다른 악장의 빠른 템포와 격렬하고 거친 선율에 균형추가 되어 준다. 언제라도 마음의 고향으로 돌아갈 수 있다는 충만함이 회복력을 준다.

피코 아이어(Pico Iyer)는 세계 각지를 수없이 다녀본 여행 수필가다. 누구보다 동적인 생활이 주는 감흥을 잘 알고 있을 것이다. 그런 그가 역설적으로 정적인 휴식을 강조한다. 빡빡한 일정표에 따라 가까스로 여정을 마무리하고 집에 돌아와 곤한 잠에 빠져드는 순간 비로소 여행의 묘미가 새록새록 느껴진단다. 여행에서 느꼈던 진기한 경험도 가만히 정지해 있을 때 비로소 소중한 추억으로 자리매김한다.

그는 종종 캘리포니아 집에서 조금 떨어진 외진 수녀원을 찾아간다. 전화도 텔레비전도 없는 곳에서 며칠씩 침묵하며 명상에 잠긴다. 잠시 세상과 단절된 공간에서 느끼는 고요함이 역설적으로 복잡한 세상에서의 경험을 풍요롭게 해준다는 것이다. 날씨도 마찬가지다. 때론 어둡고 때론 사납고 때론 거칠게 대지를 몰아세우던 폭풍우도 맑은 날씨의 평온함을 다시 맞이한 후에야 비로소 자연 리듬의 한 부분으로 받아들여지는 것이다. 앞으로 걸어나가기 위해서는 한 발을 뻗는 동안 다른 발로 대지를 잠시 딛고 서 있어야 하는 것처럼, 움직이는 것과 멈추는 것은 동전의 양면과 같이 서로를 감싸고 있는 것이 아닐까.

날씨
─────── 박람회

    한겨울 호주나 뉴질랜드 같은 남반구로 가려면 짐 꾸리기가 여간 성가신 게 아니다. 출국을 위해 공항으로 갈 때는 두터운 코트에 목도리를 칭칭 감지만 현지에 도착하여 입국 창구에 들어설 때는 외투를 벗어젖히고 에어컨 바람을 한껏 받아들여야 한다. 그리고 공항 밖으로 나가 버스를 기다릴 때면 이제는 긴 소매를 반으로 접고도 땀을 흘리게 된다. 수천 킬로미터 떨어진 이곳에서 성탄절이라도 맞으면 정신마저 혼미해진다. 한여름 산타 할아버지는 두터운 장화에 긴 외투를 걸치고 아이들에게 선물을 나누어준다. 이곳에서는 하얀 설원이 펼쳐지는 대신 파란 하늘에서 내리쬔 햇살이 뜨겁게 대지를 비춘다. 장마가 끝난 후에나 볼 수 있는 불볕더위 속에서 푸릇푸릇한 초원 위로 산타가 땀을 뻘뻘 흘리며 오가는 광경은 왠지 낯설기만 하다.

    지구는 날씨의 박람회장이다. 식물원에 가면 남국의 야생화나 선인장, 열대의 큰 꽃을 볼 수 있듯이 지구 곳곳에서는 다양한 날씨가 피어난다. 박람회장이 워낙 넓어서 죽을 때까지 다 보지 못하는 것뿐이다. 물론 비행기로 출장이나 여행을 자주 다니는 사람이라면 매번 방문하는 나라에서 다양한 날씨를 경험하게 될 것이다. 영국 날씨는 자주 흐리고 안개가 끼는 것으로 악명 높다. 하지만 마침 영국으로 출장 간 날에 우연히 화창하게 갠 하늘을 보았다면 기후가 좋은 곳이라고 착각할 수도 있다. 한곳에 오래 머무르지 않는다면 계절에 따라 변하는 그 고장 특유의 날씨를 알게 되었다고 말하기는 어렵다.

하지만 그곳에서 자라는 식물이나 살아가는 사람을 보면 그곳 날씨에 대해 더욱 신뢰할 만한 정보를 얻게 된다. 이들은 오랜 시간 날씨와 공생하며 다듬어진 인상을 풍기고 있기 때문이다.

게이트를 빠져나와 여권 수속을 기다리는 동안 실내에는 에어컨이 작동해서 바깥 날씨를 느껴보기 어렵다. 하지만 주변 현지인의 복장을 보면 대강 짐작이 간다. 핀란드에서는 모두 두툼한 털모자를 쓰는 것이 새롭다. 겨울이 워낙 추워 머리에서조차 열이 손실되는 걸 막아야 한다. 하와이에서는 관공서 직원을 비롯해서 대부분의 현지인이 알로하셔츠라고 하는 꽃무늬 반소매 셔츠를 입는다. 정장은 볼 수 없고 넥타이는 금물이다. 반바지를 입는 경우도 허다하다. 이곳은 덥기는 하지만 바람도 간간이 불어와 피부를 대기에 노출시키면 대체로 쾌적하게 지낼 수 있다는 뜻이다. 한편 카타르나 사우디아라비아 공항에 내리면 현지인은 대부분 머리끝에서 발끝까지 이어진 기다란 가운을 걸친다. 이들이 걸을 때면 가벼운 천이 나풀거린다. 이곳은 매우 더워 햇살을 최대한 피해야 하지만 그리 습하지는 않아 온몸을 감싸도 견딜 만한 것이다. 반면 우리나라는 어떤가? 한두 세대만 거슬러 올라가도 삼베로 만든 옷을 여름이면 입지 않았던가. 이 재질은 피부에 달라붙지 않으면서도 공기가 쉽게 드나들 수 있어 덥고 습한 여름철을 나는 데 안성맞춤이다.

공항을 빠져나와 리무진 버스를 타고 시내에 있는 호텔로 가는 동안 도로 주변의 시골 풍경이 눈길을 끈다. 멀리 들판에 작은 관목들만 간간이 보이거나 뾰족한 가시를 두른 선인장만 보인다면 이곳이 비가 적은 곳임을 알 수 있다. 대신 나무가 많이 보이고 이파리가 넓적한 가로수가 이어지거나 과수나무가 흩어져 있으면 비가 제법 내리는 곳이다. 핀란드처럼 뾰족한 침엽수가 빽빽이 이어지는 곳은 춥기는 하지만 눈이 많이 오는 곳임을 짐작할 수 있다. 싱가포르나 말레이시아처럼 키 큰 야자수 나무가 펼쳐지는 경우에는 더운 날씨에 오후만 되면 스콜이 내려 강수량이 풍족한 곳임을 알 수 있다.

도심 가까이 버스가 들어서면 가옥이 많아지고 복잡한 시설들이 눈에 띈다. 요르단 시내로 들어서면 집마다 돌벽 사이의 창틀이 매우 작은 게 특이하다. 강렬한 햇빛에 따가운 열기가 실내로 들어오지 못하게 막기 위해서다. 그런가 하면 유럽의 도시에 들어서면 크지 않은 창문이 빈틈없이 견고하게 여러 개 늘어서 있다. 추위와 바람을 차단하면서도 햇빛은 최대한 받아보려는 이중성이 엿보인다. 우리나라는 사계절이 뚜렷하면서도 여름의 무더위와 겨울의 차고 건조한 기후가 대조를 보인다. 전통 가옥은 연약한 창호로 이루어져 있어서 한겨울의 추위와 바람이 그리 혹독하지 않음을 알 수 있다. 그런가 하면 덥고 습한 여름에 바람이 잘 통하도록 대청마루, 안채, 사랑채가 넓은 공간으로 연결되어 있다. 대개 집 뒷마당은 야산으로 이어져 있어, 방문을 활짝 열어 젖히면 낮에는 산바람, 밤에는 골바람이 마루로 들어와 여름에도 시원하다.

호텔에 짐을 풀어놓고는 허기를 달래기 위해 음식점에 들어간다. 말이 잘 통하지 않지만, 이웃 식탁에서 풍겨오는 냄새며 그릇에 담긴 메뉴가 예사롭지 않다. 러시아 상트페테르부르크 근교의 시골 레스토랑에 들어서니 신선한 채소가 식탁을 가득 메우고 있다. 하지만 이곳의 메인 요리는 딱딱하고 두툼한 햄 같은 소시지다. 이런 음식점의 모습에서 무엇을 알 수 있을까? 이곳은 채소가 잘 자랄 것 같은 기후는 아니지만 교통망이 편리하여 남쪽 지방에서 손쉽게 운반해 올 수 있다는 사실, 겨울이 혹독하고 건조해 염장하여 말린 고기가 발달했다는 사실을 알 수 있다. 영국에서는 오래된 음식점에 가면 요리랄 것도 없는 담백한 스테이크를 내놓는다. 우리나라처럼 온갖 채소가 나지도 않는 데다가 기후도 지나치게 덥고 습하지 않아 양념으로 버무리는 요리가 필요하지 않은 것 같다. 지중해 국가에 가면 셀라미나 치즈와 같이 덥고 건조한 기후에 맞는 저장 음식이 발달했다. 그런가 하면 일본 후쿠오카에는 간장에 짭짤하게 조리거나 단맛이 강한 요리가 많다. 덥고 습한 여름에도 음식이 상하지 않는 저장 방법이다. 우리나라 남부 지방, 특히 전라도 지방에 젓갈을 이용한 김치나 발효 음식이 많은 것도 장마철 무더위에 대비한 것이다. 우리보다 남쪽에 있는 베트남 쌀국수에서 나는 진한 향과 매운맛도 열대의 열기를 이열치열로 떨쳐보려는 것이 아닐까 싶다. 우리나라에서도 중부 이북으로 가면 겨울이 춥고 건조해서 황태를 말려 먹거나, 젓갈 또는 소금기가 적은 담백한 김치를 담가 먹는다.

식물원에 가면 유사한 종끼리 한데 묶어 독특한 코너를 선보이듯이 날씨도 비슷한 지역끼리 묶어낼 수 있다. 먼저 우리나라와 비슷한 날씨를 갖는 곳을 이어가면 어떻게 될까. 계절마다 다른 곳이 묶일 것이다. 우선 장마철의 경우 남서 계절풍이 불어오는 곳으로 거슬러 가보면 된다. 베트남을 비롯한 동남아시아 해안가에서 타이완과 중국 남서부의 상하이, 일본 규슈를 거쳐서 우리나라로 이어지는 바람 띠다. 덥고 습한 날씨에 때로 집중호우나 강한 소나기가 퍼붓는 날씨다. 거리가 많이 떨어져 있기는 하지만 미국 플로리다주는 여름마다 멕시코만에서 습하고 더운 공기가 올라와서 우리나라 여름철 날씨와 비슷한 면이 있다. 겨울철이 되면 이번에는 북서 계절풍이 불어오는 곳으로 또 다른 바람 띠가 이어진다. 시베리아에서 몽골과 만주를 거쳐 우리나라로 이어지는 차고 건조한 날씨다. 때로 강한 눈보라가 몰아친다.

중위도 지역이라면 대개 사계가 뚜렷하지만, 우리나라와 비슷한 봄가을 날씨를 느껴보려면 같은 중위도권이라도 큰 대륙의 동쪽끼리 묶어야 할 것이다. 북반구라면 북미 대륙 동부 워싱턴, 남반구라면 오세아니아 대륙 동부 빅토리아주나 남미 대륙 아르헨티나로 연결해볼 수 있을 것이다. 반면 대륙의 서쪽에 위치한 영국이나 미국 시애틀 같은 곳은 바다의 영향을 받아 겨울에도 그리 춥지 않다.

아마도 우리에게 가장 멀게 느껴지는 날씨는 극지방과 열대 지방의 날씨일 것이다. 여름철 우리나라로 북상해 오는 태풍은 열대의 성질을 갖고는 있지만 북상 도중 주변의 공기와 섞이면서 본래의 성질을 많이 잃어버린다. 그렇더라도 태풍이 한반도에 바싹 다가서면 간간이 강한 소나기가 오면서 후덥지근한 게 아열대 지방에 온 듯한 느낌을 받게 된다. 그런가 하면 한겨울 한파가 몰아칠 때면 강한 눈보라 뒤에 수은주가 영하 10도 이하로 급격하게 떨어지면서 북극의 차가운 냉기에 대한 일말의 느낌을 떠올리게 된다.

문명의 이기가 지구촌을 하나로 묶어주고 실내에서는 자유자재로 기후를 조절하여 쾌적한 환경을 유지해주는 만큼, 한때 의식주의 문화 패턴을 통해 쉽게 판별되었던 날씨도 뒤죽박죽이 되어버렸다. 명동 시내를 걷다 보면 다양한 기후권에서 온 세계인들이 각기 고유의 의상을 입고 돌아다니는 모습을 보게 된다.

열대 음식, 지중해 음식, 북구 음식을 골라 전문 음식점을 찾아다닐 수도 있다. 건물 내에 들어가면 난방과 냉방이 자유자재로 작동해 내가 어느 계절에 있는 것인지, 어느 기후권에 와 있는 것인지 분간하기 어렵다.

게다가 온난화가 날씨 변덕을 부추기면서 기후 정체성에 대한 혼란은 가중된다. 우리나라의 경우 여름에는 스콜처럼 소나기가 쏟아지고 고온이 기승을 부리는 것이 마치 아열대 기후로 바뀐 듯하다는 얘기를 듣는 것도 하루 이틀이 아니다. 그런가 하면 바다에서는 열대성 어종인 참치가 잡히고 한대 어종인 청어와 대구는 사라진 지 오래다. 동해에서 주로 잡혔던 오징어는 서해에서 더 많이 잡힌다. 사과 단지도 대구는 옛말이고 충북 지역에서도 사과 농사가 잘된다. 남해안에서는 망고 등 열대 과일을 생산한다.

수입한 다른 지역의 산물이나 문화를 가까이에서 느껴볼 수 있다고 해도 원산지에 직접 가보는 것만은 못하다. 아무리 영화를 통해 경치 좋은 곳에 가보고 대리 만족을 해본다 해도 현지에서 직접 보는 것만은 못하다. 여행의 묘미란 날씨 박람회의 이곳저곳을 돌아보면서 그곳의 기후에 적응한 현지인이 먹고 입고 자는 대로 체험해보는 데 있을 것이다. 바로 그때 날씨는 화음이 되어 오감의 체험을 더욱 기억할 만한 것으로 만들어줄 테니까.

대기는
강물처럼

산골 외진 곳에서 시작된 물줄기는 산야와 도심을 지나 유유히 바다로 흘러간다. 여기가 끝이 아니다. 수평선을 사이에 두고 바다와 하늘이 만나는 곳에서 물은 수증기가 되어 바람 띠가 만들어낸 대기의 물길을 따라 계속 흐른다. 바람을 타고 어디선가 날아다니다가 비나 눈이 되어 또 다른 강물로 환생한다. 땅과 하늘의 물길을 합쳐보아야 온전한 강의 지도가 드러난다.

물고기는 사람과 달리 옆줄의 비늘 사이에 있는 구멍으로 물의 흐름과 출렁임을 예민하게 감지할 수 있다. 아마도 물고기라면 물살이 돌멩이를 지나가는 곳에서 일으키는 소용돌이 흐름도 읽어낼 수 있을 것이다. 물고기가 물의 흐름을 느끼듯이 동물도 대기 중에서 공기의 흐름을 느낀다. 공기의 흐름에 예민한 고양이의 긴 수염을 가졌다면 아마도 비구름이 오기 전에 풍향의 미세한 변화를 읽어내 대기의 물길을 감지할 수도 있을 것이다. 사람보다 천 배나 더 냄새를 잘 맡는다는 강아지의 코를 가졌다면 멀리서 바람을 타고 오는 미량의 페트리코어(petrichor, 건기 이후 비가 내린 뒤에 나는 공기 중의 냄새나 향기) 향기를 분간해내 대기의 물길을 미리 간파할 수도 있을 것이다.

대기의 물길은 보이지 않지만 생활 속에서 우리도 이 흐름을 감각적으로 느낀다. 하늘에 뿌연 연기라도 낀 듯 시야가 답답해지고, 햇빛을 피해 그늘에 들어가도 찌뿌둥하며, 바람이 불어도 시원한 느낌이 둔해지면 어디엔가 대기의 물길이 형성되는 전조다. 그러다가 남풍이 강해지고 낮은 구름이 들어차 하늘이 어두워진다. 이내 빗방울이 세차게 맨땅을 두드리며 뿜어 올린 진한 흙냄새가 한 움큼 느껴진다. 그러면 대기의 물길이 밀려오고 있음을 직감하게 된다.

대기의 물길은 강과 다르게 한곳에 진득하게 머무르는 법이 없다. 구름처럼 이곳에 생겼다 사라지면 다시 저곳에 새로운 물길이 나타난다. 그런가 하면 이곳을 한동안 지켰던 물길은 어느 순간 저쪽으로 옮겨갔다가 한참 후에 다시 원래의 위치로 되돌아오기도 한다. 온대저기압이 발달하면 남쪽의 따뜻한 공기와 북쪽의 찬 공기가 서로 강하게 대치하고, 그 사이에 전선이 형성된다. 전선의 띠를 따라 바람이 강하게 불고 그 위로 수증기가 이동하며 대기의 물길이 형성된다. 한랭전선이 접근하며 바다로부터 남서풍이 강하게 불면 열대에서 중위도까지 기다랗게 수증기의 통로가 형성되고 이 길목을 따라 비구름이 몰려온다. 그러다가 한랭전선이 물러가면 언제 그랬냐는 듯이 물길은 사라지고 대신 북서쪽에서 메마른 공기가 들어온다.

한편 장마철이 되면 북태평양고기압이 우리나라 쪽으로 확장해 오고, 그 가장자리를 따라 대양의 뜨거운 수증기 물길이 한반도까지 이어진다. 그러면 길목을 따라 비구름대가 계속 만들어지면서 많은 비가 내린다. 그러다가 가을이 되면 북태평양고기압이 물러가고 수증기의 물길도 후퇴하여, 우리나라는 다시 청명한 하늘 아래 햇살을 듬뿍 받게 된다.

살아가는 데는 물과 햇빛이 필수적이다. 하지만 날씨는 매번 이 중에서 하나만을 골라가게 한다. 비가 오는 날이면 구름이 해를 가리고, 해가 쨍쨍한 맑은 날에는 하늘에서 물이 떨어지지 않는다. 봄철에는 온대저기압과 이동성고기압이 교대로 한반도 주변을 지나가면서 한번은 비를 주고 다음에는 햇빛을 주어 이 땅에 물과 햇빛이 고루 채워진다. 하지만 장마철에는 흐리거나 비 오는 날이 계속되고, 장마철 이후에는 북태평양고기압이 우리나라를 덮어 햇빛이 쨍쨍하고 무더운 날이 한동안 이어진다.

고대 문명은 햇빛과 물이 풍족한 곳에서 시작되었다. 사막의 한가운데라도 오아시스에서는 대추야자나 올리브 같은 작물이 자랄 수 있다. 오아시스는 지하에 고여 있거나 주변 강에서 지하로 스며든 물이 우물처럼 솟아난 곳이다. 물가에 왕성하게 뻗어난 나뭇잎은 쉴 수 있는 그늘이 되어준다. 동서 비단길을 오가는

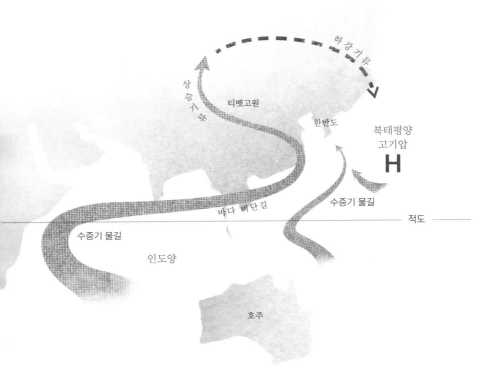

상승기류

하강기류

티벳고원

한반도

북태평양
고기압

H

바다 비단길

수증기 물길

적도

수증기 물길

인도양

호주

여름철 날씨와 주변 기압계

북반구에 여름이 오면 아시아 대륙과 티베트고원이 햇빛에 달궈지며 아시아 대륙을 향해 모인 기류가 상승하여 상대적으로 서늘한 바다 위로 하강하며 해상에는 아열대고기압이 발달한다. 티베트고원을 향해 아시아 몬순 기류가 형성된다. 멀리 남반구에서 시작한 기류는 열대 해상을 거치며 많은 수증기를 안고 인도양을 건너 바다의 비단길을 거쳐 남해상으로 들어온다. 또 한 지류, 즉 북태평양 아열대 해상에서 햇빛을 받아 증발한 많은 수증기가 고기압 가장자리를 따라 남해상으로 들어온다. 남풍을 타고 수증기의 물길이 형성되면 우리나라에는 장맛비가 한동안 이어진다.

상인들도 이곳에서 휴식하며 다음 행선지로 가기 위해 원기를 충전했다.

이집트 문명은 뜨거운 태양열이 온종일 내리쬐는 아열대 사막 기후에서 태동했다. 그들은 비구름 대신 햇빛을 선택했다. 그늘 하나 없이 태양을 향해 우뚝 솟은 피라미드와 검게 그을린 고대 이집트인을 생각하면 이곳에서 과연 사람이 살 수 있었을까 의문이 생기지만, 오아시스와 나일강을 떠올리면 궁금증이 풀린다.

나일강은 세계에서 가장 긴 강이다. 강의 수원은 적도를 향해 남쪽으로 6000킬로미터를 거슬러 두 갈래로 뻗어 있다. 백나일강은 아프리카 내륙 깊숙이 연중 소나기가 오는 열대우림까지 뻗어 있다. 청나일강은 에티오피아고원까지 이어진다. 여름이 되면 태양의 고도가 높아지고 계절풍을 따라 비구름대가 북상하여, 에티오피아고원에 많은 비가 쏟아진다. 이 비는 강줄기를 따라 나일강 하구로 흘러내린다. 나일강 상류에서는 하늘로부터 햇빛 대신 물을 받고 하류에서는 물 대신 햇빛을 받았지만, 나일강이 상류의 물을 하류로 전해주어 삼각주에 둥지를 튼 이집트인들은 둘 다 챙길 수 있었다. 게다가 상류 지역에서 물과 함께 씻겨 내려온 토사가 강이 범람할 때 하류 지역에 퇴적되어 토양을 기름지게 한다.

하지만 계절풍이 변덕을 부리면서 여름이면 으레 찾아왔던 비구름대가 나일강의 수원지를 벗어나자 이집트 왕국도 쇠퇴의 길로 들어섰다. 강물의 수위가 낮아지고 가뭄이 길어지면서 사회 불안과 왕권의 쇠락을 부추겼다는 설명이 설득력을 갖는다. 태양신의 광채에 빛나는 피라미드와 나일강은 영원히 그 자리를 지켰지만 왕들의 계곡을 채워줄 대기의 물길은 그들의 염원과는 상관없이 제멋대로 움직였던 것이다.

날씨가 매번 무작위로 섞은 다음 꺼내 든 두 장의 카드에 무엇이 담겨 있는지 헤아리기는 어렵다. 어느 해에는 대기의 물길이 한반도를 비껴가서 찔끔 소나기만 내리고 폭염이 기승을 부리는 마른장마가 오고, 다른 해에는 대양의 뜨거운 수증기 물길이 바나나 모양으로 한반도를 지나면서 집중호우가 반복되기도 한다. 그렇다고 자연이 우리에게 비호의적인 것은 아니다. 이해관계에 따라 자연의 표정이 달리 보일 뿐이다. 우리는 큰비가 오면 강이나 하천이 넘쳐흘러 저지대가 침수될까 걱정하지만 이집트인들은 나일강의 범람을 기다리며 풍년에 대한 감사의 축제를 벌이지 않았던가.

강은 오랫동안 변함없는 모습으로 흘러왔고 물줄기가 지나는 곳마다 흔적이 남았다. 강 주변의 평원은 풍요의 땅이라서 예로부터 뺏고 빼앗기는 전쟁의 한가운데에 놓인 적이 많았다. 강가 절벽을 따라 부서진 성곽이나 요새는 한때 치열했던 전장의 상흔을 간직하고 있다. 강가 풍광이 좋은 곳에 서 있는 정자나 나루터는 못다 한 선남선녀의 사랑 이야기나 강을 사이에 두고 이승과 저승으로 나뉜 이별의 슬픔을 말없이 기억하고 있을 것이다. 강을 끼고 자리 잡은 옛 궁터와 사찰은 한 시대를 풍미했다가 사라진 왕조의 흥망사를 보여준다.

　　강이 정해진 코스대로 역사와 문화를 따라 걷는 순례자의 길을 닦아주었다면, 대기의 물길은 바람 따라 왔다가 흔적마저 지워져버린 나그네의 길을 짐작하게 할 뿐이다. 롤러코스터를 타듯이, 편서풍을 타고 서에서 동으로 흐르는 대기의 물길은 한때 카사블랑카 공항에서 비를 맞으며 기약 없는 작별인사를 하던 연인의 뺨을 스쳐 지나갔을 것이다. 그러고는 먼저 떠난 왕비에 대한 그리움 속에서 왕이 바라보던 타지마할 궁전 위를 지나갔을지도 모른다. 로렐라이 언덕을 지나는 라인강에서 증발한 수증기는 바람을 타고 가다 이스탄불의 이슬람 사원에서 비가 되어 내리고, 비단길을 건너 페트라에 들렀던 옛 상인의 외투에서 날아오른 먼지는 대기의 물길에 묻어가다가 눈이 되어 강원도 설원에 내려앉았을지도 모를 일이다.

　　강물은 쉼 없이 흘러간다. 골짜기의 작은 도랑이 모여 시내를 이루고, 여러 물줄기가 서로 합쳐져 거대한 강이 되어 흘러가는 소리는 한 편의 교향악이다. 물길이 내려가는 동안 큰 바위에 부딪혀 돌아가기도 하고, 협곡을 만나 급물살을 타기도 하고, 낭떠러지에서 폭포가 되어 큰 폭으로 떨어지기도 하지만 결국 대해에 도달하고야 마는 것이다. 스메타나는 〈나의 조국〉이라는 교향시에서 온갖 시련을 넘어 아름다운 강산과 조국을 지켜낸 체코 민족의 역사와 전통을 몰다우강의 흐름에 빗대어 그려냈다.

음악은 시간 속에서 흐른다. 흐름 속에서만 음악의 아름다움을 느낄 수 있다. 그 아름다움을 붙잡기 위해 흐름을 멈추면 음악도 끝난다. 하나의 강은 대기의 물길을 통해서 또 다른 강과 이어져 흐른다. 물이 흐르지 않으면 더 이상 강이 아니듯이, 바람이 불지 않으면 대기의 강물을 따라 흐르는 음악도 들을 수 없을 것이다. 우리가 태어나기 전부터 강이 흘러왔듯이, 대기의 물길도 오랜 세월 강과 강을 건너고 바다와 바다를 건너 지금까지 흘러왔고, 또 앞으로도 그렇게 흘러갈 것이다.

흐르지
———————— 못할 때

장맛비가 잠깐 오다가 그치더니 어느새 때 이른 더위가 찾아와 집집마다 냉방 수요가 크게 늘고 정부는 일찍부터 전력 예비율을 걱정한다.

밤에도 좀처럼 열기가 식지 않아 새벽에도 25도가 넘는 열대야가 지속한다. 더위에 잠은 달아나고, 미풍이라도 잡아보려고 열어놓은 창문으로는 산들바람 대신 매미 소리만 가득 들어왔다. 예전에는 윙윙하며 고운 널판에서 공명하며 울리는 듯한 음색이 많았는데, 요즈음에는 드르르르 하는 탁하고 칙칙한 고음이 많아졌다. 지구온난화에 도시화가 겹치면서 기온이 크게 상승하여 곤충마저도 여름 나기가 더욱 힘들어진 것이다.

사람마다 좋아하는 계절이 다르겠지만 무더위를 좋아하는 사람은 많지 않을 것이다. 더운 날씨에는 우리 몸이 체온을 유지하느라 피를 계속 돌리고 땀을 배출하면서 에너지를 많이 소비하므로 몸이 축 처진다. 온몸이 끈적거리고 더위에 지친 때에는 맛있는 음식도 당기지 않는다. 시원한 물을 마시거나 냉수욕을 하거나 에어컨 바람이 나오는 곳에서 쉬고 싶은 생각이 앞선다. 더울 때는 아름다운 음악도 뒷전이다. 그래서인지 다른 계절은 몰라도 삼복더위를 예찬한 음악은 듣기 어려운 것 같다.

우리에게도 친숙한 비발디의 〈사계〉에는 이탈리아 베네치아에서 음악가가 느꼈음직한 계절의 아름다움이 담겨 있다. 베네치아는 우리나라보다 위도는 높지만 지중해에 닿아 있어, 대체로 기후가 온화했다. 여름철에는 동쪽의 대륙 열기와 아드리아해의 수증기가 함께 유입되어, 우리나라만큼은 무덥지 않더라도 고온에 습도가 높고 강한 소나기가 자주 내린다. 〈사계〉 중 '여름' 1악장은 느린 템포로 더위에 지친 모습을 그려내며 시작된다. 2악장에서는 모기와 파리까지 거들먹거리며 귓가에 윙윙댄다. 그러다가 3악장에서는 마침내 폭풍우가 몰려오고 천둥 번개와 우박이 숨 가쁘게 프레스토 템포로 쏟아지며 여름의 대미를 장식한다. 덥더라도 이렇게 간간이 소나기가 내리면 여름 햇살 속에서도 남국의 정열을 느낄 수 있을 것이고, 밤에는 산들바람이 불어와 하루의 피로를 풀어줄 것이다. 우리나라도 입추를 지나 낮이 짧아지기 시작하면 이런 분위기를 느낄 수 있다.

하지만 한여름에는 가을을 기다리며 덥고 습한 찜통더위를 이겨내야만 한다. 여름에는 태양이 머리 위를 지나고 낮이 길어 어느 때보다 일사량이 많다. 게다가 계절풍이 남쪽에서 더운 바람을 몰고 온다. 여기에 봄부터 햇빛을 받아 축적된 열기로 토양과 주변 바다의 온도도 올라간 상태다. 그래서 여름은 으레 더운 계절이지만 유난히 더위가 심해지는 것은 대기의 흐름이 막혀 있어서다. 우리 몸에 흐르는 피는 영양분도 공급하지만 체온도 조절한다. 혈관이 막히면 열을 필요한 곳에 전달하기 어렵다. 대기도 더운 곳에는 찬 공기를 보내고 추운 곳에는 따뜻한 공기를 보내, 지구의 체온을 일정하게 유지한다. 간혹 대기의 흐름이 정체하면서 이러한 조절 기능에 장애가 생기고 이것이 특정 지역에서 이상 고온이나 저온으로 나타난다.

냄비에 찬물을 넣고 아래에서 불을 때면, 위아래 물이 섞여 수온이 올라가기까지 시간이 걸린다. 수온은 서서히 올라간다. 냄비 위쪽까지 고루 열이 채워지려면 아직 여유가 있다. 하지만 냄비에 더운물을 넣고 불을 때면, 이번에는 물의 온도가 빠르게 상승한다. 대기가 한곳에 정체하며 오랜 시간 열을 받으면 높은 곳까지 더운 공기의 돔이 형성된다. 이때 대기는 안정한 구조를 형성하여 위아래로 공기의 순환이 막힌 데다가 그 위에 태양까지 내리쬐어 지면 부근의 온도는 계속 오르고 식을 줄을 모른다. 대기가 안정하다 보니 그나마 오후 한때 열기를 잠시나마 식혀줄 소나기마저 내리기 힘들다. 밤에는 도심의 에어컨이 밖으로 열기를 뿜어낸다. 게다가 대기 중에 습도가 높아 비닐하우스를 겹으로 껴입은 듯한 온실효과마저 가세하면 푹푹 찌는 열대야가 기승을 부린다.

열돔이 솟은 곳은 주변 지역보다 공기층이 두텁고 무거운 만큼 고압부가 강화된다. 압력이 높은 상태에서 밑에서는 햇빛이 불을 지피는 형국이라 마치 압력밥솥 바닥에서 열을 가하는 것과 흡사하다. 북태평양고기압이 우리나라로 확장한 데다 열돔으로 고압부가 강화되면 이번에는 동서 방향으로 기류의 흐름이 막힌다. 배구 경기에서 상대방의 스파이크로 강하게 날아온 공을 두 손 높이 쳐들어 블로킹해내는 격이다. 중위도에는 편서풍을 따라 온대저기압이 서에서 동으로 주기적으로 지나다니며 다양한 날씨를 선사한다. 저기압이 접근하기 전에는 남쪽에서 더운 공기를 몰고 오고 비나 눈이 내린다. 이후 날이 개면 이번에는 북쪽에서 찬 공기를 끌어내려 주기적으로 한란이 교차하며 기온의 평형을 회복한다. 그런데 열돔에 갇혀 블로킹 기압 패턴이 형성되면 온대저기압이 벽에 막혀 북쪽이나 남쪽으로 돌아가거나 세력이 약해진다. 그리고 저지고기압에 갇힌 지역에서는 열돔에 따른 폭염과 가뭄이 한동안 지속된다.

띠 모양으로 중위도를 뱅 두르고 있는 편서풍대가 블로킹 고기압을 만나면 남북으로 크게 요동친다. 롤러코스터를 타듯이 놀이기구가 올라가는 곳에서는 남서풍이 불다가도 내려가는 곳에서는 북서풍이 분다. 이런 식으로 남서풍과 북서풍이 번갈아 나타나며 강한 바람 띠는 오르락내리락 서에서 동으로 이어진다. 북서풍이 부는 지역에서는 건조한 날씨가 한동안 이어지는 반면, 남서풍이 부는 곳에서는 비구름이 수시로 지나가면서 많은 비를

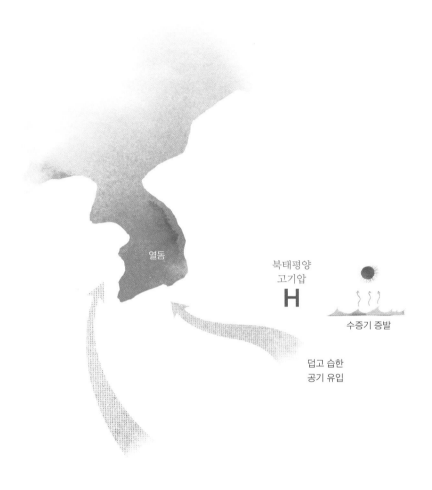

북태평양
고기압

H

수증기 증발

덥고 습한
공기 유입

열돔

북태평양고기압 확장과 무더위

아열대 해상에서 햇빛을 받아 증발한 많은 수증기가 북태평양고기압 가장자리를 따라 열대의 열기와 함께 우리나라로 유입한다. 장마가 끝나면 북태평양고기압이 한반도로 확장해와 열돔을 형성하고 무더운 찜통더위에 열대야가 기승을 부린다.

내린다. 2021년 여름 많은 나라들이 폭염과 가뭄으로 시름하던 때에도 중국 곳곳에서 몇백 년 만에 처음 겪는 물난리가 났다. 몬순 계절풍이 한반도 부근에 형성된 저지고기압을 피해 가느라 대신 중국 동부 지역을 향해 불어대며 남중국해의 수증기를 대거 실어다 주어 비구름이 그 지역에 정체해 비를 쏟아부은 것이다.

열돔이 오래 지속되면 대기와 땅은 서로 합세하여 가뭄과 사막화를 부채질한다. 비는 오지 않고 햇볕이 계속 내리쬐면 증발이 계속 일어나, 급기야 남아 있던 토양의 수분마저 고갈된다. 대기가 건조해지면서 산불이 쉽게 발화하고 마른 나무는 불쏘시개가 되어, 산불을 더욱 부채질한다. 땅은 더 쉽게 햇빛에 반응해 온도가 높아지고 더욱 강한 열기가 대기로 진입하여, 열돔을 더욱 견고하게 한다. 폭염이 사막화를 유발하고 사막화가 폭염을 더욱 부채질하는 최악의 순환 고리가 형성되는 것이다.

북반구 여러 나라의 이례적인 이상 고온 현상은 지구온난화와도 무관하지 않을 것이다. 최근 몇 세대가 지나오는 동안 한파보다는 폭염의 빈도가 배 이상 늘고 범위나 강도도 커지는 추세다. 지역적으로는 블로킹이 또 다른 변수다. 지구온난화로 열대지방의 기온이 더 빠르게 상승하면 중위도 편서풍대가 강해지고 블로킹 현상은 줄어들 것이다. 하지만 극지방의 얼음이 빠르게 녹아내리면 편서풍대가 약화되고 제트기류가 남북으로 심하게 사행하여 블로킹 현상이 오히려 증가할 것이다. 우리나라에서는 때 이른 폭염이 기승을 부릴 때 중국에서는 많은 비가 왔던 것처럼, 온난화가 지역별로 극단적인 날씨를 부채질할 개연성도 있는 것이다. 기후변화는 단순히 지구 온도를 높이는 한 방향으로만 움직이는 것이 아니라 지역적으로는 한 곳에 폭염과 가뭄을 주는 동시에 다른 곳에는 홍수를 불러오는 양면성을 지닌다.

구름을
———————— 보다

　도심에서는 사방이 건물이나 아파트로 둘러싸여 좀처럼 개방된 시야를 갖기 어렵다. 운이 좋으면 건물 사이로 비집고 들어온 햇빛을 잠시나마 받을 수 있다. 교외로 나가면 상황은 좀 나아지지만, 산에 가려 답답하기는 마찬가지다. 확 트인 들판으로 나가면 멀리 지평선까지 볼 수 있다. 눈이 좋다는 몽골 유목민이라면 하늘과 땅이 맞닿은 그곳에서 양 떼 무리를 분간해낼지도 모른다. 하지만 가장 먼 지평선 끝이라도 고작해야 몇 킬로미터가 안 된다. 지구는 둥글고 빛은 직진하기에 지평선 너머로는 빛이 굽어 갈 수 없기 때문이다.

　독수리는 높은 곳에서 내려다볼 수 있어서 그만큼 시야가 넓다. 시력도 사람보다 월등해서 그 높은 곳에서 작은 생쥐를 구별해낸다. 공중으로 1킬로미터만 올라가더라도 지평선까지의 거리는 100킬로미터나 길어진다. 그래 봐야 경기도 한 끝에서 다른 끝을 겨우 볼 수 있을 뿐이지만. 이 정도의 시야로는 한반도와 주변 해상을 가득 메운 구름대를 일부밖에 볼 수 없다.

그런데 과학 기술이 발전하면서 독수리의 눈보다 월등하게 뛰어난 눈이 등장했다. 카메라가 달린 위성이 수만 킬로미터 상공에 떠 있을 수 있게 된 것이다. 이 정도 높이라면 지평선은 한없이 멀어져서 동아시아 지역 전체를 한눈에 내려다볼 수 있다. 게다가 고성능 카메라는 지상 위에서 수백 미터 떨어진 두 물체를 분간할 정도로 시력이 좋다. 최신 스마트폰으로 바로 옆의 사람을 사진으로 찍듯이 위성이 저 높은 곳에서 대기 중에 떠다니는 구름의 모습을 시시각각 찍어내는 것이다. 이 사진들은 무선통신으로 지상국에 빛의 속도로 전송된다. 충북 진천에 있는 국가기상위성센터에 가면 마치 영화 〈이티(ET)〉에나 나올 법한 접시 모양의 안테나가 여러 개 있다. 성인 20명이 두 팔을 벌리고 손을 잡아야 에워쌀 수 있을 정도로 대형 안테나다. 이 안테나가 위성에서 보내온 통신 신호를 받는다. 여러 단계의 공정을 거치면 인터넷에서 흔히 보는 구름 영상이 재생된다.

흐린 날 하늘을 쳐다보면 잿빛 구름이 끝없이 펼쳐진다. 어디가 시작인지 끝인지 알 수 없다. 머리 위로 구름이 흘러가는 건 알지만 지평선 너머 어디에서 왔는지 어디로 가는지는 알 수 없다. 구름이 얼마나 높게 솟아 있는지도 가늠하기 어렵다. 물론 주변 도시나 이웃 나라에서 관측한 구름의 모습을 보고 퍼즐을 맞추듯이 거대한 구름 조직의 모양을 짜 맞추어보지만 전체 모습은 여전히 오리무중이다.

대신 기상 전문가는 동아시아 일기도를 펼쳐본다. 일기도는 실제보다 수천만 배나 축소된 지도 위에서 여러 도시의 날씨와 주변의 기압 배치를 보여준다. 지도라는 모형을 통해서 동아시아 전체의 기상 변화를 머릿속으로 상상해본다. 그러고는 위성에서 찍은 구름 영상을 그 위에 포개어보면 동아시아 일기도 위에 구름의 모습이 한눈에 펼쳐진다. 큰 구도로 보면 대륙에서 대륙으로 이어진 구름 띠부터 열대 해상에서 북상하는 태풍까지 다양한 구름의 패턴이 들어온다. 그 안을 자세히 들여다보면 강하게 발달하는 소나기구름의 조직이나 평평하고 얇게 펴진 구름 조직도 보인다. 어떤 지역에 높은 구름이 떠 있고 어떤 지역에 낮은 구름이 떠 있는지도 알 수 있다. 이 구름이 시시각각 바람에 실려 이동하는 모습도 동영상에 드러난다.

위성에서 구름 사진을 받아보기 전에는 밀려오는 구름의 전모를 미리 파악하지 못해 급작스러운 폭풍우에 휩쓸리기 일쑤였다. 해상에서는 갑자기 밀려오는 높은 파도와 강풍으로 큰 배들이 속수무책으로 좌초했다. 태평양에서 미국과 일본이 전쟁을 벌였던 2차 세계대전 막바지에 미 해군은 필리핀 상륙 작전을 지원하고 있었다. 함대가 연료를 재충전하려고 바다에 머무는 동안 열대 해상에서 북상 중인 태풍 '코브라'를 만났다. 필리핀 남동쪽 해상은 작은 소용돌이 바람이 자주 일어나고 태풍이 흔히 발생하는 곳이다. 여름이나 가을이라면 여기서 발생한 태풍이 세력을 키우며 한반도까지 북상하지만 그때는 12월 중순이라 찬 공기가 한반도 이남까지 내려와 있어서 태풍은 저위도로만 이동하다가 필리핀으로 향했던 것이다.

바다에서 태풍을 만나면 높은 파도와 계속되는 강풍을 견뎌낼 재간이 없다. 정상적인 여건이라면 태풍의 강도와 진행 방향을 제대로 파악해서 한시라도 빨리 태풍의 경로에서 벗어나는 게 상책이다. 하지만 작전 중인 함대는 마음대로 피항할 수 없는 데다 미국 본토에서 분석한 기상 정보마저 모호해서 악천후에도 급유를 계속하기로 결정한 것이다. 어처구니없게도 태풍의 한가운데로 함대가 나아가며 많은 선박과 군인이 희생되었다.

그 사건이 계기가 되어 하와이에 태풍 분석과 예보를 전담하는 기상센터가 설립되었다. 1970년대 기상위성의 구름 사진이 본격적으로 기상 분석에 쓰이면서 태풍 분석 기술도 비약적으로 발전하게 되었다. 해상에는 관측 자료가 턱없이 부족하다. 오랜 시간 바다 위로 이동하면서 발달하는 태풍을 직접 들여다보기는 어렵다. 높은 파도와 강풍 때문에 중심부로 접근하는 것 자체가 불가능하다. 물론 요즘은 항공기를 태풍 위로 높이 띄워서 비행 경로상의 바람 등 기상 요소를 관측하기도 하고, 풍선에 관측 기기를 매달아 떨어뜨리기도 한다. 하지만 태풍 중심부에 발달한 구름대에는 난류가 심해서 베테랑 조종사도 비행을 꺼린다.

오늘날 일기예보에 나오는 태풍의 중심 기압이나 영향 반경은 대부분 위성 영상을 분석해서 추정한 값이다. 나선형으로 중심을 향해 말려들어 가는 구름의 조직이나 중심부의 맑은 영역인 눈의 형태를 보고 태풍의 구조를 분석하는 것이다. 제주 서귀포 부근에 있는 국가태풍센터에서는 저 멀리 필리핀 해상에서 아직 제대로 모양을 갖추지도 못한 구름 조직을 찾아 감시하다가 태풍으로 발달하면 위성 영상을 해석하여 강도를 분석하고 슈퍼컴퓨터를 구동하여 북상 경로를 예측해낸다. 태풍이 오기 며칠 전부터 배를 항구에 묶어두거나 시설물을 미리 점검할 수 있게 된 것도 구름을 상시 감시하는 기상위성 덕분이다.

독수리와 달리 뱀은 어둠 속에서도 눈 주변에 있는 열 감지 센서로 살아 있는 먹잇감을 찾아낸다. 코로나바이러스가 기승을 부리던 때에는 곳곳에 열 감지 카메라가 설치되어 고열 환자를 손쉽게 찾아낼 수 있었다. 사람뿐만 아니라 모든 물체는 각각의 온도에 해당하는 빛을 낸다. 구름도 자기 온도에 맞는 적외선을 방출한다. 태양이나 백열전구만큼 뜨거운 물체가 아니라면 그 빛을 우리 눈으로 보지는 못한다. 하지만 열 감지 카메라를 쓰면 구름처럼 온도가 낮은 물체가 내뿜는 적외선을 감지할 수 있다. 위성에 장착된 열 감지 카메라는 야간에도 구름 온도를 식별해 낸다. 한밤중에도 대낮처럼 구름을 보게 된 것이다. 높은 구름은 온도가 낮고 낮은 구름은 온도가 높으므로, 구름의 고도를 알아낼 수 있다. 폭풍우는 낮이고 밤이고 시도 때도 없이 찾아온다. 여름철에는 특히 새벽녘에 서해상에 머물던 비구름대가 활성을 띠며 호우를 퍼붓곤 한다. 이런 때 적외선 카메라가 한밤중에도 서해상의 구름대를 감시하다가 경기만으로 들어오는 강한 비구름대의 동향을 알려준다. 위성의 구름 사진이 나오면서부터 낮이나 밤이나 24시간 상시 비구름 감시가 가능해진 것이다.

위성에 장착된 카메라는 비단 천연색 사진이나 열 감지 사진만 찍는 게 아니다. 빛의 파장대별로 수천 가지 빛을 구분하여 사진으로 만드는 것도 있다. 그중에서도 특히 마이크로파 빛에 민감한 카메라는 구름 아래로 떨어진 비나 눈을 탐지하는 데 효과적이다. 마이크로파는 파장이 매우 길어, 큰 방해 없이 미세한 구름방울 사이를 지나갈 수 있다. 강수 입자가 뿜어내는 마이크로파 빛이 구름을 통과해 위성 카메라에 잡히는 것이다. 그래서 강수 지역이나 강수량을 추정하는 데 유용하다.

대기라는 것은 결국 각종 기체의 모임에 불과하다. 기체가자기 온도에 따라 내뱉는 전자기파를 카메라로 정밀하게 감지하여 분석하면 대기의 기온이나 수증기의 연직 구조를 분석해낼 수있다. 사람의 감각은 새의 시력이나 뱀의 열 감지 능력에는 턱없이 못 미치지만 대신 사람은 인공위성과 카메라를 발명하여 대기의 움직임을 밤낮없이 촘촘하게 들여다보고 대기가 만들어내는 폭풍우와 태풍에 미리 대비할 수 있게 되었다.

기상 레이더와 마찬가지로 기상위성도 본래 전쟁에 썼던 기술을 응용한 것이다. 2차 세계대전 말기에 독일은 브이투(V2) 무인 로켓을 쏘아 올려, 영국까지 날려 보냈다. 종전 후에 이 기술은 미국과 소련으로 건너가 냉전 시대에는 핵폭탄을 실어 나르는 발사체로 진화를 거듭했다. 그러다가 점차 상대 국가의 군사 기밀이나 경제 기밀을 탐지하는 첩보 위성으로 탈바꿈했다. 지금도 중력을 벗어난 우주에는 수천 개의 크고 작은 위성이 떠다닌다. 그중에는 자동차 내비게이션에 경로를 알려주는 위성이 있는가 하면, 외딴섬에서도 휴대전화를 연결해주는 위성도 있다. 그러나 뭐니 뭐니 해도 기상위성이야말로 세계가 서로서로 돕기 위해 띄운 위성의 꽃이라 하겠다. 우리나라에서 띄운 천리안 2호 기상위성이 수시로 알려주는 구름 영상은 동남아시아를 비롯한 세계 각국에서 태풍이나 폭풍우로 인한 인명과 재산의 피해를 줄여주고 있다. 그 가치는 우리나라가 세계에 제공하는 그 어떤 금전적 원조보다 크다.

날씨가
맑더라도

장마가 끝나고 무더위가 찾아오면 어디론가 떠나고 싶다. 고온에다 습도가 높아 실내에 가만히 있어도 땀이 줄줄 흐른다. 밤에도 도심의 열기가 식지 않아 잠을 이루지 못하고 뒤척인다. 이런 때 바닷가로 나가면 무더운 낮에도 해풍이 불어와 한동안 더위를 잊을 수 있다. 해가 쨍쨍할수록 휴양지에서 느끼는 안락감은 배가된다. 뮤지컬 영화 〈남태평양〉에서 프랑스 농장주와 미국 여인이 코냑 잔을 마주치는 뒤로는 탁 트인 바다와 저녁놀이 보이고 열대의 나뭇잎이 바람에 하늘거린다. 아름다운 저녁 시간에 처음 마주친 남녀는 순간 마법에 걸린 것처럼 듀엣으로 사랑을 노래한다. 이런 곳에서 아무 생각 없이 며칠 푹 쉬다 오고 싶은 유혹을 떨치기 어렵다.

구름 한 점 없이 맑은 하늘에서 어두운 그림자 같은 건 찾아보기 어렵다. 오랜 경험을 통한 학습 효과다. 먼저 구름이 해를 가려야 비나 눈이 뒤따라온다. 갑자기 내리는 소나기도 전조가 있기는 마찬가지다. 하늘이 먼저 캄캄해지고 나서야 우당탕 천둥번개가 치고 돌풍이 몰아친다. 그래서 아직 해를 볼 수 있을 때 좋지 않은 일이 당장 벌어질 거라고는 상상조차 하기 어렵다.

그러나 예외는 있는 법. 내비게이션이 설혹 큰길을 권해도 평소 익숙한 이면도로라면 더 빠르게 목적지에 다다를 수 있다. 하지만 어느 날 그 이면도로가 공사로 막히면 내 상식대로 그 길로 들어섰다가 오도 가도 못 하는 곤경에 처할 수도 있다. 상식에 속을 때는 플랜 B를 생각해두지 않았기 때문에 대책이 없다. 이것이 안전과 관련된 사안이라면 눈뜨고 위험에 빠질 수 있다.

맑은 날씨가 그렇다. 작열하는 태양 아래 피부를 그을리고 살랑대는 해풍을 맞으면서 달콤한 휴식을 즐겨야 할 시간에 사람 키를 훌쩍 넘기는 파도가 순식간에 밀려온다. 2004년 동남아 해안가에서 크리스마스 휴가를 즐기려던 관광객들은 예고 없이 몰아닥친 지진해일(tsunami)에 속수무책으로 당했다. 10층 빌딩보다 높은 파도가 마라토너보다 빠른 속도로 해안가 피서지를 덮친 것이다. 멀리서 물기둥을 발견하는 순간 성인 남자가 뒤돌아보지 않고 온 힘을 다해 달아나도 운이 좋아야 물벼락을 모면할 수 있었다. 그러니 이보다 힘이 부치는 대부분의 사람들이 어떤 운명을 맞았을지는 굳이 언론 보도를 보지 않아도 상상이 간다. 그들은 이국땅에 쉬러 갔다가 기가 막힌 이유로 삶을 마감했던 것이다.

맑고 더운 날씨에 아름다운 풍광을 가진 태평양 해안가에서

잊힐 만하면 한 번씩 지진해일이 일어난다. 물결로 일렁이는 바다 밑에는 용암이 꿈틀댄다. 태평양을 빙 두르는 불의 고리가 관통하는 지역에서는 크고 작은 지진이 빈발하고 그중 일부는 해저에서 일어난다. 해저 암반이 맞부딪히면 바닥이 비틀리고 그 충격으로 바다가 요동치며 물결이 인다. 바다 한가운데에서는 여객기만큼 빠른 속도로 물결이 퍼져나가지만 파고가 그다지 높지 않아 눈치채기 어렵다.

하지만 이 물결이 해안에 다가서면 마찰력이 커지고 파봉의 이동 속도가 줄어드는 대신 파도가 빠르게 높아진다. 동일본대지진 때 해안에 밀려오는 해일이 엔에이치케이(NHK) 카메라에 생중계되었다. 당시 높이 10미터가 훌쩍 넘는 파도에 차량과 시설물이 둥둥 떠다니는 모습은 세계를 경악시켰다. 국제적으로 '쓰나미'라는 일본어가 관행적으로 쓰이는 것도 역사적으로 일본 해안에 피해가 많았음을 추측하게 한다. 동해안에서도 드물기는 하지만 지진해일이 해안 시설을 무너뜨리거나 인명을 앗아간 기록이 있다. 지진은 예고가 안 되는 불가지의 현상인 데다 해일이 몰려오는 속도가 워낙 빠르기 때문에 해안에서는 그야말로 맑은 하늘에 날벼락이 내리는 격으로 속수무책 당할 수밖에 없다.

쓰나미는 해저 지진이 원인이다. 하지만 인명 피해가 일어나는 과정을 보면 맑은 날씨가 묘하게 끼어든 꼴이다. 휴가철이 되면 우리는 사방이 트인 벌판에 비취색 바다, 야자수 그늘, 강렬한 햇빛이 머무는 오지의 섬을 꿈꾼다. 문명 세계에서 멀리 떠나온

만큼 일 때문에 전화나 문자도 오지 않는다. 하지만 기억하시라. 어디선가 지진해일이 발생해서 해일 경보가 발령되었다는 소식도 함께 끊겼다는 것을.

사람들은 자신의 능력이 평균 이상이라고 생각하는 낙관적 편견을 품고 있다고 심리학자들은 말한다. 이 편견은 재해에 대한 걱정에서도 드러난다. 이웃 나라에 산더미만 한 파고가 덮쳐서 마을과 원전을 삼키고 방사능이 누출되어도 나에게는 이런 일이 일어나지 않을 거라고 믿는다. 이런 편견은 어둠 속에서도 빛을 향해 나아갈 힘과 용기를 주는 반면 자연 재난에 대비하는 데는 오히려 짐이 된다.

극장에서 영화를 상영하기 전에 항상 나오는 비상구와 화재 대피로 안내나, 비행기 순항 중에 수시로 방송되는 '안전띠 사인은 꺼졌으나 난기류에 주의해달라'는 메시지를 진지하게 받아들이는 사람이 얼마나 될까. 하물며 태평양 섬에 피서 가는 관광객에게 쓰나미 조기 경보를 받아 볼 수 있는지, 경보가 울리면 어디로 대피해야 하는지 미리 확인해보라고 일러주었을 때 고개를 끄덕이는 사람이 몇이나 될까. 설령 사전 교육을 받았더라도 막상 현지에 도착해서 날씨가 맑으면, 좋은 일이 일어날 것만 같은 예감이 들고 경계심을 놓치게 된다. 하지만 예고 없는 사고는 일어나고 누군가는 희생된다. 때로는 코뿔소처럼 과감하게 돌진하는 용맹보다는 너구리같이 주변을 살피고 조심하는 지혜가 필요하다.

쓰나미만큼 큰 규모는 아니지만 우리나라 해변에서도 심심치 않게 갑작스러운 파도에 사람이 휩쓸리는 사고가 일어난다. 아무런 경계심도 없을 때 파도가 순간적으로 방파제를 훌쩍 넘어오기 때문에 피하지 못하는 것이다. 그도 그럴 것이 주변 날씨가 너무 좋기 때문이다. 파도는 보통 저기압이 발달하고 날씨가 기울어져서 짙은 구름이 끼고 바람이 강한 곳에서 높게 일어난다. 그래서 바다에 풍랑이 거칠게 일어날 때는 하늘도 어두운 구름에 덮이고 사나운 폭풍우를 동반하므로 파도를 조심하게 된다.

문제는 일단 만들어진 파도는 빠른 속도로 이동하여 폭풍우치는 지역을 벗어나 먼 곳까지 간다는 점이다. 먼바다를 지나가는 저기압 주변에 먹구름이 가득하더라도 여기서 멀리 떨어진 해안의 날씨는 맑을 수 있다. 그래서 높아진 파도는 날씨와 상관없이 해안까지 밀려올 수 있다. 맑은 날씨만 믿고 물놀이에 나섰거나 방파제 넘어 물가에 머물다가 변을 당하는 것이다.

여름철이 되면 우리나라로 북상해 오는 태풍에도 상식에 반하는 전조가 있다. 태풍이 접근하기 3~4일 전부터 해안의 물결이 높아지기 시작한다. 아직 먼 곳에 있는 태풍이 일으킨 파도가 태풍보다 빨리 해안가에 당도한 것이다. 그러다가 시간이 조금 지나면 맑은 하늘에 태양이 강하게 내리쬔다. 태풍의 열기로 상승한 공기가 하강하며 일시적으로 고기압을 지지하기 때문이다. 게다가 태풍을 우리나라 쪽으로 밀어 올리는 남풍이 덥고 습한 공기를 함께 몰고 와 땀이 줄줄 흐르는 찜통더위가 이어진다. 그러면 누구나 한 번쯤 의심한다. "태풍이 온다는데 날씨는 왜 이리 맑은 거야? 태풍이 오기는 오는 거야? 너무 더워서 짜증만 나잖아?" 무더위를 참지 못해 바닷가로 가고 싶은 유혹을 느낀다. 그랬다가 멀리 인적이 드문 섬이나 해안가에 가 있을 때쯤이면 하늘에 높은 구름이 하나둘 나타나고 이내 바람이 점차 강해지고 해안가에 집채만 한 파도가 밀려와 모든 것을 삼킨다. 이때가 되면 대피하고 싶어도 뱃길은 이미 끊긴 지 오래다.

기상위성이 태풍을 손바닥 들여다보듯이 감시하기 전에는 태풍의 묘한 전조에 속아 넘어가 태풍과 해일에 많은 사람이 희생되었다. 지금은 태풍이 어디에 있고 언제 우리나라에 올지 며칠 전부터 예고가 되기에, 다행히도 태풍의 전조가 주는 착시 현상을 올바로 바라볼 수 있게 되었다.

흔적을
───────── 읽는
법

명탐정 홈스는 사건 의뢰인의 옷차림이나 신발을 보고, 의뢰인이 무얼 부탁하러 왔는지 미리 읽어낸다. 의뢰인이 직접 말을 꺼내지 않더라도 다급한 표정이나 외모에 어떤 식으로든 사건의 흔적이 묻어 있다.

사건 현장에 도착한 홈스는 열악한 자료와의 싸움에서 늘 고전한다. 사건은 늘 목격자가 없는 사각지대에서 일어난다. 요즘은 도로마다 시시티브이(CCTV)가 넘쳐나고 가로등이 대낮처럼 밤길을 비추지만 사건 현장에서는 늘 증거를 찾아보기 어렵다. 게다가 날씨로 인해 현장은 훼손되기 일쑤다. 바닥에 묻은 선홍빛 핏자국은 비에 씻겨 내리고, 범인이 남긴 발자국은 간밤에 내린 눈에 파묻힌다.

사건의 단서는 부서진 유리창처럼 일부만 파편이 되어 현장에 흩어져 있고, 이것만으로는 본래의 모습을 끼워 맞추기가 무척 힘들다. 홈스는 중요한 문서건 사소하게 흘러간 얘기건 놓치지 않고 추리에 갖다 쓴다. 눈에 쉽게 띄거나 상식에 부합한다고 해서 더 중요한 정보인 것도 아니다. 홈스의 조수 왓슨은 전문가 행세를 한답시고 눈에 뻔히 보이는 증거를 들이대며 합리적이고 상식적인 추리를 잔뜩 늘어놓지만, 번번이 범인이 짜놓은 함정에 빠지기라도 하듯 정곡을 비껴간다.

홈스는 작은 물방울에도 대서양의 흔적이 묻어 있음을 보여주기라도 하듯, 사소한 것에서도 대담한 추리를 통해 사건의 열쇠를 찾아낸다. 때론 적극적으로 증거를 확보하기 위해 죽음을 무릅쓰고 호랑이 굴로 위장 잠입한다. 기상재해 현장도 마찬가지다. 날씨는 의도를 갖고 있지 않다고 해서 날씨 현장에서는 이런 위험을 각오할 필요가 없다고 생각한다면 오산이다. 토네이도의 실체를 직접 확인하려면 《오즈의 마법사》에 나오는 도로시처럼 회오리바람 안으로 들어가 강한 바람을 피부로 직접 맛보아야겠지만, 현실에서는 불가능한 얘기다. 시속 500킬로미터에 육박하는 강풍을 견뎌낼 사람은 없을뿐더러 이 세상에서 가장 강한 철골 관측 장비라도 풍비박산 나고 말 것이다.

그래서 기상 전문가들은 날씨가 회복되는 대로 현장 조사에 나선다. 태평양 섬 괌에 태풍이 상륙하면 기상학자 마크 랜더는 마치 탐정이라도 된 것처럼 태풍이 할퀴고 지나간 현장을 찾아다녔다. 바람과 해일에 휩쓸려간 바위와 나무의 흔적을 살펴서 태풍의 구조와 강도를 추정했다. 재해 현장은 그 자체로 날씨가 현장에 남긴 단서이자 사건에 가장 근접하게 해주는 생생한 기록물이다.

마침 폭풍의 한가운데에 들었던 인삼 밭에 우박 알갱이가 흩뿌려져 있는 것을 보았다면 운이 좋은 편이다. 방금 지나간 소나기구름이 벌인 사건이라는 걸 확인했기 때문이다. 또는 주변 과수나무의 이파리가 구멍 나거나 심하게 훼손되었다면 이 역시 날씨의 장난임을 쉽게 눈치챌 수 있을 것이다.

하지만 막상 현장에 도착했을 때는 금세 날씨가 좋아지면서 한때 긴박했던 시간의 흔적이 지워진 경우가 태반이다. 산모퉁이를 돌아 나온 강변도로는 차량이 전복된 사고 현장임에도 한낮의 태양 아래에서 한가롭기만 하다. 설령 인적 드문 새벽녘에 안개가 자욱했거나 영하의 날씨에 도로가 얼어 있었더라도 이제는 햇빛이 안개를 소산시키고 얼음 알갱이를 녹여서 현장은 평온하기만 하다. 사고 현장이 훼손되어, 운전자가 깜박 졸았던 것인지, 아니면 날씨가 악영향을 미쳤던 것인지 알 길이 없다.

간밤에 대형 체육관의 지붕이 무너져 내렸는데, 현장은 이미 훼손되어 멀쩡했던 건물 지붕에 눈이 얼마나 쌓였던 것인지 알 길이 없다. 기상 관측소는 먼 곳에 떨어져 있고 지역마다 적설은 천지 차이라 어느 장단에 맞출지 알 수 없다. 게다가 주변 바람 길을 따라 휩쓸리며 눈송이가 유독 그 건물에 더 많이 쌓이게 된 건지도 확인하기 어렵다. 그런 상황에서는 눈 때문에 건물이 내려앉은 건지, 아니면 구조적 결함 때문에 내려앉은 건지 분간해내기 어렵다.

소나기구름이 발달하면 기상이 돌변하여 순식간에 비바람을 쓸어내고는 재빨리 달음질친다. 대개는 미처 준비되지 않은 상태에서 속수무책으로 당할 수밖에 없어, 큰 피해로 이어진다. 비닐이 갈가리 찢기고 철골 지지대가 엿가락처럼 휘어진 비닐하우스. 이미 바람이 잔잔하고 평온하게 잦아들어서 간밤에 날씨가 일으킨 변덕임을 확신할 길이 없다. 예리한 칼날로 잘라내듯 폭이 1킬로미터도 안 되는 좁은 구역에 갑자기 불어닥친 돌풍은 현장에 파편만을 남겼을 뿐이다. 워낙 국지적이라서 기상 레이더 영상이나 주변 관측 자료를 뒤져도 순식간에 피해를 입히고 사라진 날씨의 변덕을 입증하기 어렵다.

피해 규모가 클수록 쏟아지는 비나 눈의 양이 많고 불어대는 바람의 강도가 거세므로, 현장 가까운 곳에서 관측하기 어렵다. 설령 이런 곳에 관측 기기를 갖다 놓는다 하더라도 금세 망가질 것이다. 이런 초대형 재해 현장에서는 초토화된 파편들이 날씨의 생생한 기록이다. 물론 먼발치에서 기상위성이나 레이더를 통해 주변 기상을 감시하고는 있지만 이것들은 바깥에서 종양 부위를 들여다보는 초음파 탐지기처럼 두루뭉술한 정보를 주는 것에 그칠 뿐이다. 하지만 사건 현장의 파편에서 규칙성을 찾아낸다면 감쪽같이 현장을 떠나버린 날씨가 벌인 일을 추적할 수 있다. 추리에 밝은 홈스라면 현장의 작은 단서에서도 날씨가 벌인 일의 전모를 복원해낼 수 있으리라.

　1975년 6월 24일 악천후로 뉴욕 케네디국제공항에 착륙하던 여객기들이 강한 바람에 홍역을 치렀다. 이 소식을 들은 보잉 727여객기 조종사들은 고민에 빠졌다. 연료도 충분치 않은 데다 대체 공항에도 뇌우가 몰아쳐서 뾰족한 대안이 없었던 것이다. 결국 이들은 관제탑의 지시에 따라 착륙 비행을 했다. 아니나 다를까, 착륙 중에 강한 바람을 만나 동체가 활주로 전방의 신호 시설물에 부딪히며 추락했다. 꼬리 부분에 있던 일부 승객을 제외하고 130명이 사망한 대형 사고였다.
　사고 현장을 찾은 기상학자 테드 후지타가 감식에 나섰다. 인근에 널브러진 동체 잔해는 원점에서 방사형으로 밀려난 흔적을 보였다. 일찍이 일본 나가사키에 원자폭탄이 투하되었을 때도 폭탄이 떨어진 곳을 기점으로 건물과 나무 잔해들이 방사형으로 밀려난 것이 관찰되었다. 후지타는 여기에 착안하여 실마리를 찾았다. 발달한 소나기구름에서는 폭탄이 터지듯이 찬 공기 뭉치가 한꺼번에 쏟아지고 이것이 활주로 부근에서 사방으로 퍼져나가며 순식간에 발생한 돌풍이 착륙하던 비행기를 덮쳤음을 추리해낸 것이다. 토네이도보다 작은 규모지만 국지적으로 강하게 터졌다는 의미에서 이 돌풍에는 '마이크로버스트(microburst)'라는 이름이 붙었다.
　착륙하는 비행기가 방사형 바람 그물망의 중심부로 접근하

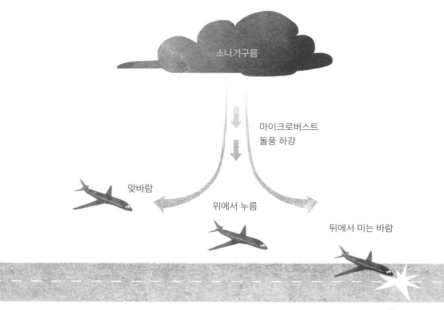

소나기구름

마이크로버스트
돌풍 하강

맞바람

위에서 누름

뒤에서 미는 바람

활주로

난기류와 착륙 중인 비행기의 위험

소나기구름이 발달하며 상승하는 공기가 하강하는 구역에서는 때로 마이크로버스트라는 강한 하강 돌풍이 일어난다. 차고 무거운 공기가 하강하다 지면 부근에 이르면 측면으로 퍼져 강한 측풍 난류를 일으킨다. 착륙하던 비행기는 처음에는 맞바람을 맞지만, 몇 초 후에는 뒤에서 미는 바람을 만나 양력이 급격하게 떨어지며 추락하는 사고로 이어질 수 있다.

면 처음에는 맞바람을 강하게 맞아 양력이 커지며 상승하는 힘을 느끼게 된다. 조종사는 즉흥적으로 엔진 출력을 줄인다. 그러다 몇 초 후에 비행기가 방사형 바람 그물망의 중심부를 지나면 이번에는 뒤에서 강하게 미는 바람 탓에 양력이 급격하게 떨어진다. 이때 엔진 출력을 높일 틈이 없어 비행기가 추락하는 것이다. 순간적으로 바람의 방향이 180도 급변한다 해서 '저층 윈드시어(wind shear)'라고도 부른다. 대형 참사를 겪은 뒤에 주요 공항에서는 항공 안전을 위해 급변하는 강풍을 관례적으로 탐지해오고 있다.

미국 기상청은 토네이도로 인한 재해가 발생하면 기상 포렌식 분석팀을 현장에 파견한다. 토네이도는 지구상에서 가장 강력한 회오리바람을 동반한다. 그 안에서는 자동차건 콘크리트 구조물이건 견뎌내질 못하므로 풍속을 직접 관측할 수 없다. 대신 토네이도가 휩쓸고 지나간 현장에 어지럽게 흩어진 파편들에서 풍속의 단서를 찾는다. 재해의 정도에 따라 등급을 F1에서 F7까지 나누고, 등급이 높을수록 풍속이 강한 것이다. 토네이도가 지나간 길목을 따라가면서 나무가 쓰러진 방향이나 나뭇가지가 찢겨나간 방향을 보고 당시 사건의 주범을 추정해낸다. 나무들이 중심에서 방사형으로 바깥 방향으로 쓰러져 있으면 마이크로버스트가 지나간 것이다. 그게 아니라 나선형으로 쓸려나가 있으면 토네이도가 터치다운하여 회오리바람이 몰아친 것이다.

민간 영역에서는 기상 포렌식 전문가가 날씨가 연루된 사건의 증거를 찾아 나선다. 이들은 기상 분야의 사설탐정이나 다름 없다. 어둑한 곳이지만 달이 중천에 떠 있을 시각이라 목격자의 진술을 입증할 가시거리가 충분히 확보되어 있었는지, 아니면 안개나 구름이 달빛을 가려 시야가 흐렸었는지를 살피는 것도 이들의 몫이다. 인상파의 서막을 알렸던 모네의 화제작 〈해돋이〉가 언제 어디서 그려진 것인지, 조수 간만과 기상 조건 그리고 일출 시각 등을 분석해 밝혀내는 것도 이들이다. 옥외 스포츠 경기 중에 외상을 입어 보험금을 청구한 건이 있다고 하자. 이때 영하의 기온에서 빙판에 미끄러지며 외상이 발생한 것인지, 아니면 주변의 다른 요인으로 인한 우발적 사고였는지를 따지는 것도 이들의 일이다.

우리나라에서는 기상감정사들이 유사한 역할을 맡고 있다. 재판, 보험금 심사, 각종 교통사고에서 불가항력적인 날씨의 책임을 가리는 것 외에도 범죄 현장에서 기상 조건에 따른 물증의 해석 등 역할도 다양하다. 기상감정사들은 날씨 현장의 조사관이 되어 조각조각 드러난 날씨의 파편을 분석하고 컴퓨터 시뮬레이션 결과를 종합하여 대기가 남몰래 한 일을 밝혀낸다.

기상학자들은 해수 온도가 상승하며 태풍이나 폭풍우의 강도가 더욱 거세지고 지역별로 기후 격차가 심화될 것으로 전망한다. 또한 전망 좋은 해안 지역에서 도시가 성장하고 물류 서비스와 유통 산업이 발전하면서 사회는 더욱더 자연에 취약한 구조로 변해가고 있다. 이런 와중에 궂은 날씨를 틈타 사건 사고도 더욱 은밀하고 교묘한 양상으로 전개될 개연성이 커졌다. 게다가 기온이 상승하면 사람의 불안정한 심리와 날씨 변덕이 맞물리면서 범죄율도 함께 높아진다지 않는가. 온난화가 진행되면서 기상감정사의 일손도 이래저래 더욱 바빠질 것 같다.

이 많은
비는
어디서 오는가

　시냇물을 거슬러 가면 물이 종아리에 닿을 만큼 얕은 곳에 이르게 된다. 좀 더 상류로 다가가면 이제 물은 겨우 발목 아래에서 찰랑댄다. 머리 위에는 한여름 햇볕이 따갑지만, 조약돌 위로 미끄러지듯 시원한 물살을 맞으며 맨발로 걷는 동안 기운이 솟고 마냥 즐거운 기분이 든다. 크고 작은 조약돌 사이로 물이 빠르게 지나가며 잔잔한 수면이 심하게 일렁인다. 여기저기 돌멩이에 물살이 부서지며 복잡한 난류가 일어난다. 난류가 심한 곳은 하얀 거품이 일기도 한다. 포말이 햇살에 반사되면서 이제 시내는 물과 조약돌과 난류가 섞여 은빛으로 빛난다. 땅에 강물이 흐르듯이 대기에는 수증기의 물길이 흐른다. 시냇물을 거슬러 가면 언젠가 시원에 이르듯이 대기의 물줄기도 거슬러 가면 수증기가 태어난 곳에 다다를 수 있을 것이다.

　매년 장마철이 되면 일 년 강수량의 절반에 육박하는 많은 비가 한 달도 채 안 되는 짧은 기간 동안 내린다. 연일 하늘은 우중충하고 비가 내리다 그치기를 반복한다. 그러다가 장마철 후반부에 이르면 비가 어느 한 지방에 집중적으로 내린다. 그래서 집중호우란 말이 생겨났다. 짧은 시간 동안 좁은 지역에 많은 비가 한꺼번에 쏟아진다. 뭐든 지나치면 문제가 된다. 시간당 40밀리미터의 강한 비가 두세 시간만 쏟아져도 도심 배수로가 소화하지 못해 도로에는 물이 넘쳐나고 지하철 역사나 저지대 가옥이 침수된다. 작은 하천에는 떠내려 온 쓰레기 더미가 강물을 막아 물이 주변 도로로 범람한다. 산에서 흘러내리는 흙탕물이 흙더미를 삼키면서 축대를 무너뜨리고 아파트 실내까지 토사가 밀려온다. 엘니뇨가 기승을 부렸던 1998년에는 폭우가 얼마나 심했는지 수백 년간 자리를 지켰던 큰 돌덩이가 송추계곡 하류로 떠내려 온 적도 있었다. 그 후에도 몇 년에 한 번씩은 장마철 큰비로 도심 저지대가 침수되거나 산사태가 일어났다. 잊힐 만하면 한 번씩 물난리에 인명 피해가 겹쳐 신문의 1면 머리기사를 장식하곤 했다.

대기에는 기껏해야 수증기만 떠 있는데 도대체 얼마나 수증기가 모였기에 젖은 빨래를 쥐어짜듯 비가 내린다는 말인가. 하늘에 구멍이라도 뚫린 듯이, 아니 물동이로 퍼붓듯이 쏟아지는 물줄기는 대체 어디서 온 것일까. 비가 온다는 것은 어디에선가 증발한 물이 옮겨온다는 것이다. 대기 중 수증기의 85퍼센트 이상은 바다에서 온 것이고, 대부분은 아열대 해상에서 온다. 수증기는 바람을 타고 지구촌 곳곳으로 이동한다. 일부는 아시아 대류을 향해 이동하다가 기상 조건이 맞으면 곳곳에 큰비를 쏟아낸다. 여름이 되면 햇빛으로 달궈진 아시아 대륙에 맞서 비구름 군단이 동서로 길게 전선을 형성하고 북진을 시작한다. 그러다가 장마철이 되면 한반도까지 비구름이 올라오며 많은 비를 쏟아낸다.

북태평양고기압은 장마철 비구름의 탄약 구실을 하는 수증기의 원천이다. 열대에서 상승한 공기는 북태평양고기압에서 하강하며 마른 공기를 뿜어댄다. 한반도에 먹구름이 끼고 장맛비가 내리는 시간에도 이곳은 맑은 하늘 아래 햇빛을 받아 쉬지 않고 해수가 증발한다. 매년 우리나라 여름철 강수량의 60배에 이르는 수증기가 북태평양에서 만들어진다. 또 다른 대기의 물길은 인도양의 아열대 고압대에서 만들어진다. 그리고 저 멀리 아라비아반도에서 인도를 거치고 남중국해와 이어진 바닷길을 따라 올라와 한반도에 머무는 비구름에 연료를 제공한다.

겨울철에는 강물이 마르듯이 대기의 강물도 바짝 말라 아무런 흔적도 없었다. 그러다 장마철이 되면 어느새 한반도에 남서풍을 따라 기다랗고 좁은 대기의 물길이 형성된다. 자연이 연출하는 놀라운 마력이다. 한반도가 북태평양고기압의 가장자리에 걸리면 남서풍을 타고 온종일 습하고 더운 기류가 들어온다. 바람이 부는데도 습도가 높아 전혀 시원하지 않다. 마치 한증막에 들어간 것처럼 땀을 흘려도 잘 마르지 않고 땀방울이 피부에 맺힌 채로 줄줄 흘러내린다. 옷깃이 스치면 끈적거린다. 한밤중에도 기온은 떨어지지 않고 열대야로 숨이 턱턱 막힌다. 이런 느낌이

들면 대기의 물길을 타고 수증기가 대거 몰려오고 있는 것이다. 눈에 보이지 않을 뿐이지 대기 중에 금방 물이 될 것처럼 수증기가 빼곡히 들어차 있는 것이다.

아열대 해상에서 증발하는 수증기를 물로 따지면 하루 동안 몇 밀리미터가 채 되지 않는다. 그런데 일거에 100밀리미터 이상의 많은 비가 한반도에 내린다는 것은 예사롭지 않은 일이다. 비가 조금만 내려도 하천에 물이 넘치는 것은 주변에서 빗물이 모여 수로에 한꺼번에 들이닥쳤기 때문이다. 마찬가지로 바람을 타고 대기 중의 작은 물길이 한데 모여 한반도에 결집하고 빠른 급류를 만들어내야 좁은 지역에 많은 수증기가 모여들고 구름이 발달하며 큰비가 내린다. 북태평양고기압이 우리나라 쪽으로 확장해 올 때면 남서 해상을 따라 강한 수증기의 급류가 형성된다. 게다가 지형과 지세에 따라 강이나 협곡을 만나면 물길의 통로가 좁아진 만큼 급류는 더욱 거세진다. 우리나라 산맥이 주로 북동·남서 방향으로 뻗어 있는 만큼, 남서풍이 들어올 때면 한강·금강·영산강 수계를 따라 수증기가 대거 들어와 주변 지역에 많은 비를 뿌리는 경우가 적지 않다.

우리나라의 여름철 집중호우가 새벽녘에 특히 강해지는 야행성을 가진 것도 이 급류와 무관하지 않다. 한낮에는 햇빛으로 달궈진 지면이 열을 대기 중으로 내보내느라 공기의 상하 운동이 활발하다. 지면 마찰력으로 느려진 바람이 위로 올라가 섞이다 보니, 대기의 물살도 약해진다. 그러다가 밤이 되면 대기가 안정해지면서 지면과의 연결고리가 차단되고, 바람은 마찰력으로부터 해방되어 본래의 세기로 되돌아온다. 새벽녘에 풍속은 최고조에 이른다. 이때를 틈타 강한 대기의 물살을 타고 바다의 수증기가 대거 비구름에 몰려든다. 그리고 아침 시간에 갑자기 큰비가 쏟아지면서 차들이 뒤엉키고 도로가 혼잡해지고 출근길 시민들이 불편을 겪는 경우가 적지 않다.

지구온난화도 변수다. 기온이 상승하면 해상에서 더 많은 수증기가 증발할 것이고, 수증기가 모이는 지역의 강수량이 증가할 것이다. 기후변화에 관한 정부 간 협의체(IPCC)의 평가보고서도 아시아 지역 전체의 장마철 강수량은 늘어날 것으로 전망한다. 다만 강수량이 많이 증가할 곳을 콕 집어내지 못하는 것은 해결해야 할 숙제다.

수온 상승으로 열대의 북방 한계가 확장됨에 따라 북태평양고기압도 더불어 팽창하는 추세다. 고기압 가장자리는 비구름이 지나다니는 통로 구실을 한다. 북태평양고기압 가장자리에 놓인 지역에서는 집중호우로 비 피해가 늘어나는 반면, 고기압권에 파묻힌 지역에서는 마른장마에 푹푹 찌는 무더위가 기승을 부릴 것이다. 지구온난화가 심해질수록 강수량의 지역 편차가 심해지고, 가뭄과 홍수의 양극단을 오가는 극심한 이상기후 현상도 빈발할 가능성이 커진다는 얘기다.

그런가 하면 북태평양 해역에서 발생한 태풍은 고기압 가장

자리를 따라 북상하며 더욱 강하게 발달할 거라는 예측이 우세하다. 수온이 상승하는 만큼 더 많은 수증기가 증발하고, 이것이 대기의 물길을 따라 올라오는 태풍의 먹이가 되어 태풍의 몸집이 더욱 커질 거라는 말이다. 이럴 때일수록 대기의 물길을 거슬러 올라가 아열대 해역에서 매일 햇빛을 받아 대기로 옮겨가는 수증기의 행로에 관심을 가져야 한다.

대기의
——————— 선율

걷다 보면 온갖 소리가 들린다. 지나가는 자동차가 부르릉거린다. 행인의 말소리, 웃음소리가 간간이 섞인다. 그러다가 인적이 드문 공원 산책로에 들어서면 새소리가 들려온다. 좀 더 주의를 기울여보면 바람 소리가 귓가에서 윙윙거린다.

공기가 없다면 소리를 들을 수 없다. 소리는 빛과 달리 공기라는 매체를 통해서 전파되기 때문이다. 화성에 간 로봇이 맨땅을 기어가며 내는 기계음은 지구와는 매우 다르다는 얘기를 들은 적이 있다. 그곳의 공기가 매우 희박해서 소리가 들리기는 하지만 저음으로 들린다는 것이다. 뭔가 서로 부딪히더라도 기압이 낮으면 공기의 떨림이 둔해진다. 달에 가면 설령 우주복을 벗어젖히고 귀를 크게 열더라도 진공 속이라서 고요한 정적만 흐른다. 영화 〈그래비티〉를 보면 우주정거장에서 일어난 사고로 주인공이 미아가 되는 장면이 나온다. 이 순간에는 영화음악마저 멈추어, 소리 없는 우주 공간이 더욱 적막하게만 느껴진다. 지구에 대기가 충만해서 자연의 소리는 물론이고 관현악의 화성을 즐길 수 있다는 것은 얼마나 큰 축복인가.

창밖에 나뭇가지가 흔들린다. 새들이 앉았다 날아가는 바람에 가지가 떨렸나 내다본다. 그게 아니다. 바람이 제법 불고 있는 것이다. 한파가 밀려오고 찬바람이 몰아치면 창문에서 쉬익쉬익 소리가 난다. 바람이 창틀 사이로 새어 들어오면서 실내 공기에 파문이 인다. 용수철처럼 공기가 모였다가 흩어지며 기압이 출렁인다. 이 기압의 파동이 귓속으로 들어와 청각 세포를 자극한 것이다. 창틈으로 빠져나오는 바람이 강할수록 큰 소리가 난다. 마치 풀피리를 불 때 입술을 오므려야 바람이 세차게 빠져나오며 소리를 내는 것과 같다. 소리만 들어도 바깥에 바람이 얼마나 세차게 부는지 알 수 있는 것이다. 물론 창문이 단단히 시공되어 조그만 틈도 없다면 바람 소리를 듣지 못하겠지만.

일 년을 통틀어 창틀이 바람 소리를 내는 시기가 두어 번 있다. 한 번은 한겨울 시베리아고기압이 확장하며 북풍이 몰아칠 때다. 어느 때보다 대기압이 높은 데다 풍속도 초속 10미터에 근접해 소리를 낸다. 겨울철에는 눈이 그치고 한파가 닥칠 때마다 이런 소리를 몇 차례 들을 수 있을 것이다.

또 한 번은 여름에서 가을로 접어들면서 태풍이 한반도를 지나갈 때다. 이때는 초속 20미터 이상의 강풍이 부는 경우가 흔하다. 태풍의 중심권에 들어가면 바람은 초속 30미터가 훌쩍 넘는다. 바람이 매우 강한 만큼 태풍이 지나갈 때마다 창틀이 내는 소리는 유난히 크다. 이 바람은 순간적으로 매우 거세졌다가 약해지기를 반복한다. 거기에 맞춰 바람 소리도 잦아졌다 커졌다 한다. 그뿐인가. 창틀로 미처 빠져나오지 못한 거센 바람은 창문을 밀쳐내기라도 하듯 마구 흔들어댄다. 북을 두드리듯이 바람이 창문을 들었다 놨다 하며 쾅쾅거리는 소리가 뒤섞인다. 바깥에서는 바람에 날아다니는 나뭇가지며 작은 알갱이들이 서로 부딪히며 히죽히죽 웃는 듯한 소리를 낸다. 한밤중에 이런 소리가 한꺼번에 실내로 밀려온다면 공포영화라도 보듯 기이한 분위기를 느끼게 된다.

멀리서 폭풍우가 다가오면 기압이 서서히 낮아진다. 그런데 이 미세한 공기의 떨림은 소리로 감지되지 않는다. 설령 미약한 음파가 전해온다고 하더라도 여의도 몇 배만 한 대형 스피커에서나 나올 법한 초저음이라서 듣기 어렵기는 마찬가지다. 우리가 느끼든 아니든 간에 우리 주변에서는 공기가 쉴 새 없이 흔들리며 기압의 파동을 만들어낸다. 그중에는 소리로 들을 수 있는 것도 있고, 전혀 들을 수 없는 것도 있다. 바다 위에 출렁이는 물결처럼 사방으로 퍼져나가는 기압 파동은 소리로 들리지 않는다. 음파와 달리, 파의 진행 방향과 수직으로 공기가 진동하므로 고막을 자극하지 못한다.

낮이라면 맑은 날 높은 망루에서 지평선 너머의 먹구름을 일부나마 볼 수 있겠지만 밤에는 이마저도 불가능하다. 대신 예보관들은 사방 수십 킬로미터 간격으로 배치한 기압계를 읽어, 폭풍우가 만들어낸 기압의 파동을 일기도에 그려본다. 그러고는 소리로 들을 수 없는 대기의 리듬을 머릿속에서 재현해내는 것이다. 일기도에는 기압이 높은 곳과 낮은 곳이 파도처럼 출렁이며 이동해간다. 고기압에서는 공기가 모이고 저기압에서는 공기가 흩어지며 출렁댄다. 폭풍우가 몰려오면 기압이 서서히 낮아진다. 저기압이 가까이 다가와 비나 눈이 내리고 나면 잠시 주춤하다가 한바탕 소나기나 폭설이 쏟아진다. 그러고는 기압이 빠르게 오르며 날이 회복된다. 관측 지점마다 폭풍우의 다른 단면을 보고 있으므로, 그 정보를 종합하여 기압 파동을 그려보면 폭풍우의 크기와 강도, 이동 속도와 방향을 분석할 수 있다.

폭풍우가 가까이 오면 바람 소리가 들린다. 처음에는 남풍이 나뭇잎을 흔들어 깨운다. 미풍이 보드라운 손으로 얼굴을 만지는 동안 대지 위의 초목은 가볍게 떨며 들릴 듯 말 듯 소리를 낸다. 가을이라면 낙엽 위로 바람이 지나가며 사각사각 초콜릿 깨무는 소리를 낸다. 그러다가 빗방울이 맨땅과 창문을 두드리면 드럼 치는 소리가 난다. 수만 종류의 타악기가 다양한 톤으로 우두둑 소리를 내면 비구름이 코앞에 와 있음을 실감하게 된다. 갑자기 빗방울이 굵어지더니 여기저기 번개의 섬광이 번뜩인다. 강한 전기가 흐르고 공기가 순식간에 팽창하여 하늘에서는 큰 북이라도 내리치는 듯이 천둥소리가 쩌렁쩌렁 울린다.

반면 비 대신 눈이 내리면 갑자기 사방이 조용해진다. 눈송이는 깃털처럼 가벼운 몸짓으로 사뿐히 대지에 내려앉아 숨을 죽인다. 눈송이에 송송 뚫린 공기구멍으로는 바람 소리마저 빨려들어 가버린다. 비나 눈이 그치고 바람이 북풍으로 바뀌면 점차 풍속이 강해지며 바람 소리가 거칠어진다. 크고 작은 초목에 매달린 나뭇잎이며 나뭇가지가 세차게 떨리는 게, 마치 관악기의 떨림판 비슷한 역할을 한다. 거기서 새어나오는 소리는 피리나 플루트는 아니더라도 자연이 연출하는 관악기 합주 같은 것이다.

예민한 사람이라면 바람 소리만 듣고도 낙엽이 떠는 소리인지, 아니면 버드나무 숲을 지나온 소리인지, 아니면 빌딩 숲을 지나온 소리인지를 분간해낼지도 모른다. 마치 지휘자가 합창단 개개인의 음색을 구분해내는 것처럼 말이다. 어떤 이는 청아한 소리를 내고 어떤 이는 허스키한 소리를 낸다. 같은 음을 노래해도 사람마다 고유한 떨림의 패턴을 소리에 함께 실어 보낸다. 음악에 자신의 서명을 붙이는 격이다.

매일매일 날씨가 달라지듯이 일기도 위의 기압 배치도 매번 달라진다. 폭풍우가 지나가면 으레 비바람이 몰아치지만, 매번 똑같은 것은 없다. 어떤 때는 얌전히 비가 내리고 지나가기도 하고 어떤 때는 소낙비를 거칠게 쏟아붓기도 한다. 그런가 하면 거센 바람을 몰고 와 비닐하우스를 모조리 쥐어뜯어 놓기도 한다. 사람마다 고유한 목소리를 가진 것처럼 폭풍우마다 독특한 날씨 패턴을 보인다.

처음 일기도를 보았을 때는 어제나 오늘이나 비슷해서 뭐가 다른지 찾아내기 어렵다. 하지만 반복해서 일기도를 보다 보면 폭풍우가 지나가는 동안에도 다양한 기압 파동의 패턴을 찾아낼 수 있다. 음악도 자주 듣다 보면 악기의 음색이 절로 구분되듯이 폭풍우마다 다른 음색이 느껴지는 것이다.

공기의 떨림을 소리로만 듣는 것은 아니다. 스피커에 손을 대보면 묵직한 저음이 흘러나올 때마다 뭔가가 손을 자극한다. 피부가 음악을 느끼는 순간이다. 쉴 새 없이 스피커의 떨림판이 진동하여 공기를 흔들어대고 그 압력이 다양한 리듬으로 피부를 두드리는 것이다. 헬렌 켈러도 설리번 선생님이 말하는 것을 듣기 위해 입술에 손을 대고 진동을 느껴보지 않았던가.

예민한 사람이라면 폭풍우를 몰고 다니는 온대저기압이 다가오며 기압이 낮아지는 걸 미리 감지할 것이다. 우리 몸은 팽창하는 힘을 받으면 다양한 생리 현상이 일어난다. 머리가 지근지근해지거나 왠지 힘이 빠지고 우울해지는 느낌을 받기도 한다. 그런가 하면 무릎 부위의 관절이 팽창하며 쑤시고 아플 때도 있다. 심지어는 산통하는 임신부가 대기압이 낮아지는 때에 맞춰 분만할 수도 있다. 그러다가 저기압이 지나가면 기압이 높아지면서 북풍이 밀려온다. 찬 공기가 함께 내려와 혈관이 수축하며 혈압이 상승하고, 건조한 공기와 함께 먼지나 꽃가루가 실려 와 기관지를 자극한다.

　이렇듯 기압의 파동을 체감하는 방식은 실로 다양하다. 들리지 않는 것을 몸으로 느껴보고 마음으로 그려볼 때, 우리는 대자연이 펼쳐놓은 리듬과 멜로디와 음색의 향연에 한 발짝 더 가까이 다가서게 될 것이다.

태풍을 ─── 길들이려는 노력

　요즘 마트에 가면 우리나라와 기후가 다른 곳에서 재배한 제철 과일을 쉽게 구할 수 있다. 그중에는 우리 것과 모양은 비슷하지만 맛이 다른 포도나 딸기도 있다. 우리나라 사과나 배도 마찬가지로 북미나 유럽으로 수출된다. 과일만 그런 것이 아니라 날씨도 마찬가지다. 편서풍을 타고 유럽이나 중앙아시아에 머물던 공기는 우리나라로 옮겨오고, 우리나라의 공기는 태평양 건너 북미 대륙으로 넘어간다. 그런가 하면 우리나라에서 자라기 어려운 리치나 망고스틴, 코코넛 같은 열대 과일도 가게에서 맛볼 수 있다. 여름이 되면 계절풍의 영향으로 남쪽에서 북상하는 아열대 날씨를 체험하듯이 말이다. 그중에서도 가장 열대에 가까운 성질을 가진 것은 여름부터 가을까지 우리나라를 찾아오는 태풍이다.
　태풍은 열대 해상에서 발생하고 중심부의 기압이 주변보다 낮아서 열대저기압에 속한다. 종일 작열하는 태양의 햇살을 듬뿍 받아 수온이 높은 열대 해역에서는 주변의 먹구름이 규합되어 눈을 가진 도넛 모양의 대형 폭풍이 발달한다. 이 폭풍은 맹렬한 바람과 포효하는 파도와 쉼 없이 쏟아지는 세찬 비로 열대에서 물려받은 자연의 본성을 고스란히 펼쳐낸다. 태풍이 지나가는 곳에는 하루 동안 200~400밀리미터의 많은 비가 내린다. 고원지대에는 이보다 갑절이나 많은 비가 내리기도 한다. 그러면 농경지와 도심 저지대가 침수되어 주민들은 생활에 어려움을 겪는다. 태풍의 중심부에는 시속 120킬로미터가 넘는 강풍이 분다. 고속도로에서 빠르게 달리는 차 덮개 위로 올라가 맞는 바람보다 강한 힘이다. 오래된 건물 외벽이 떨어져 나가거나 해안가 크레인이 넘어갈 위력이다. 그런가 하면 태풍에 수반된 해일은 집채보다 높은 파도가 되어 해안 지역을 때린다. 방파제가 힘없이 무너져 내리고 해안 도시는 순식간에 물바다로 변한다.

위성 영상에 나타난 태풍은 마티스나 고갱의 화풍을 닮았다. 흑백 영상에서는 굵은 붓놀림으로 그려놓은 듯한 선명한 눈과 이를 에워싼 두툼한 구름 띠에서 태풍의 거친 숨결이 새어 나온다. 컬러 영상에서는 중심부를 향해 나선형으로 휘몰아드는 구름대에 다양한 원색이 입혀져서 격렬하고 원초적인 자연의 야성이 느껴진다. 아열대고기압 남단을 따라 남해상으로 올라올 때까지 인적 없는 바닷길을 거치면서 문명의 때가 묻지 않은 바다의 수증기를 섭취하며 발달해온 덕택이다.

바람의 세기로만 따진다면 토네이도가 태풍보다 더 위력적이다. 하지만 토네이도가 지나가는 길은 폭이 수백 미터 정도에 불과하고, 회오리바람이 지상에 내려와 훑고 지나가는 시간도 몇 분이 채 안 된다. 반면 태풍은 강풍의 세기가 토네이도에 필적하면서 영향 반경은 수백 킬로미터에 이른다. 해안가에 상륙하기 전부터 높은 파도를 몰고 오고 고지대에는 지형성 강수를 뿌린다. 마침내 육지에 상륙하면 그곳을 통과할 때까지 반나절 넘게 비바람을 몰아치게 한다. 게다가 태풍은 강풍에 덧붙여 해일까지 몰고 와, 해안 도시 곳곳을 물바다로 만들어버린다. 그야말로 대기가 문명사회에 보여줄 수 있는 가장 위협적이고 파괴적인 현상인 것이다.

다행히 우리나라 해안에 태풍이 당도할 때쯤이면, 이미 먼 길을 여행한 나머지 태풍의 힘도 빠지기 시작한다. 태어날 때부터 더운 것을 먹고 자란 탓에 수온이 낮은 남해상으로 옮겨오면 먹을 것이 부실해서 비구름의 강도도 점차 약해진다. 게다가 우리나라 상공에는 편서풍이 늘 흐르고 있어서 태풍의 상부가 편서풍을 따라 한 방향으로 밀리며 연직으로 올곧은 모양이 흐느적거린다. 종종 태풍의 눈마저 희미해져 형체를 알아보기 어려워진다. 간혹 우리나라를 지나가는 키 큰 기압골에 합류하면 그 에너지를 받아 일시적으로 모양을 가다듬고 바람이 강해지기도 하지만, 이때는 태풍이라기보다는 돌연변이로 둔갑한 온대저기압에 가깝다.

바다의 표정은 날씨에 따라 늘 변한다. 바람이 잔잔한 날에는 푸른빛을 띠다가도 구름이 해를 가리면 바다색도 칙칙해진다. 그러다 바람이 점차 강해지면 바닥 모래가 바닷물에 섞이면서 잿빛을 띤다. 태풍이 북상하면 전령이 해안에 먼저 당도한다. 사나운 폭풍의 소용돌이가 만들어낸 물결이 태풍보다 빠른 속도로 퍼져나가는 것이다. 잔잔했던 수면은 어느새 물결로 일렁이고, 높아진 파도가 부서지며 하얀 띠가 여기저기 늘어난다. 주기적으로 파봉이 해안가에 부딪힐 때마다 아치를 그리며 물보라를 토해낸다. 태풍이 전방에 만들어낸 고기압 덕분에 태양은 이글거리고 파란 하늘이 하얗게 일어난 물보라와 대조를 이룬다. 그러다가 태풍이 더욱 가까이 접근하면 구름이 하늘을 덮으면서 사방이 캄캄해지고 폭풍우가 거세지고 집채만 한 파도가 밀려온다. 포세이돈의 등장이 임박한 것이다.

오랫동안 천기는 신의 영역에 남아 있었다. 우리 조상들도 날씨를 천체의 운항과 마찬가지로 하늘의 뜻으로 받아들였다. 《조선왕조실록》에는 벼락이 치거나 우박이 내리면 하늘이 노한 것으로 알고는 임금도 행실을 가다듬고 '주변에 억울한 자들은 없는지 살펴보라'는 지시를 했다는 기록이 자주 눈에 띈다. 하물며 날씨를 사람 마음대로 해보겠다는 것은 상상할 수도 없었다. 《삼국지》를 보면 제갈량이 적벽대전에서 바람을 불러일으켜 조조 군사를 화공으로 물리쳤다고 하지만 이것은 소설 속의 이야기일 뿐이다. 하지만 20세기 중반 인류가 원자폭탄을 만들어내고 달에 우주선을 보내면서 사정이 달라졌다. 과학 기술의 위상이 하늘을 찌를 듯이 높아지면서 뭐든 가능하다는 장밋빛 분위기가 팽배해 있었다. 미소 간의 냉전으로 군비 경쟁이 치열하던 시절 마침내 사람의 손길이 닿지 않았던 자연의 영역에 눈길이 쏠렸다. 자연에서 가장 신의 영역에 가깝다고 여겨졌던 천기에 도전장을 내민 것이다. 잘만 하면 날씨의 힘을 국익을 위해 써볼 수도 있겠다는 태세였다.

미국은 1940~70년대에 태풍의 야성을 길들이기 위한 대형 프로젝트를 여러 차례 추진했다. 태풍의 중심부에 구름 씨앗을 떨어뜨리고 눈 주변의 강한 비구름대를 바깥쪽으로 밀어내면 마치 피겨스케이트 선수가 팔을 벌리고 회전 속도를 늦추는 것처럼 풍속을 줄일 수 있다고 보았다. 아니면 태풍의 주변부에 구름 씨앗을 떨어뜨려서 구름이 활발하게 생겨나게 한다. 그렇게 주변의 수증기를 빨아들이고 폭풍을 일으키는 중심부의 강한 먹구름은 약화시켜서 태풍의 경로와 힘을 조절하겠다는 것이었다. 태풍의 강도를 한 등급만 낮추어도 경로상의 피해는 큰 폭으로 줄어들기 때문이다. 또 태풍의 이동 방향을 바꾸면 경로상의 대도시를 피해 인적이 드문 바다로 보내버릴 수도 있을 것이다.

하지만 기대대로 태풍의 강도나 경로가 변경되었는지에 대한 과학적 물증은 좀처럼 나오지 않았고 실험 사업에 대한 예산도 점차 줄어들었다. 그 후부터 지금까지 태풍을 길들여보겠다는 실험은 더 이상 추진되지 않았다. 강한 태풍 하나가 내뿜는 에너지는 원자폭탄 수천 개와 맞먹으므로, 아무리 많은 인공적 힘을 끌어들이더라도 달걀로 바위를 깨뜨리는 것에 지나지 않음을 실감하게 된 것이다. 여기에 유엔이 1977년 제정한 국제협약도 큰 부담이 되었다. 이 국제협약은 상대 국가에 대규모 살상이나 피해를 줄 수 있는 환경 조절 기술의 군사적 이용을 금지하고 있다. 그러면 이 협약은 어떻게 체결되었을까? 베트남전에서 미군은 교전국의 보급로를 차단하기 위해 장맛비를 키우는 인공강우 실험을 추진했다. 그런데 닉슨 행정부 때 이 실험이 탄로 나면서 격앙된 국제 여론이 협약 체결에 한몫을 했다.

의도적인 태풍 조절 실험은 멈추었지만, 우리는 매일 온실기체를 배출하며 태풍의 강도와 경로에 영향을 미치는 실험 아닌 실험에는 여전히 참여하는 중이다. 영화 〈투모로우〉에서는 기후변화로 대서양의 해류가 난조를 보이고 북극 한파가 남하하며 한기와 난기가 만나는 곳에서 초강력 태풍이 발달한다. 태풍이 몰고 온 거대한 파도가 뉴욕을 비롯한 해안 도시를 집어삼키는 장면은 가공의 시나리오이기는 하지만 자연의 파괴력에 전율을 느끼게 한다. 물론 영화는 영화일 뿐이다. 하지만 지구온난화가 계속되어 해수 온도가 상승하면 바다에서 증발이 더 활발해진다. 그렇게 증가한 대기 중의 수증기는 태풍의 연료가 되어 더욱 강력한 태풍이 발생할 가능성이 커진다. 기후변화의 시대에 눈여겨봐야 할 대목이다.

하지만
장맛비

5월에서 6월 초순까지는 건조하고 맑은 날이 많은 편이다. 비가 오더라도 그치고 나면 금방 쾌청한 날씨로 되돌아온다. 햇볕이 점차 따가워져서 아파트 뒷길을 걸을 때도 요리조리 그늘을 찾아다니게 된다. 울타리마다 고개를 내민 빨간 덩굴장미가 여왕의 계절임을 말해준다. 꽃봉오리가 막 피어날 때는 진한 빨간색이었다가 활짝 꽃잎이 열리면 점차 꽃의 크기가 커지면서 색도 옅어진다. 햇살이 강해 꽃잎이 말라가고 색깔도 연한 핑크빛에 가까워진다. 이때가 되면 한때 맑기만 했던 하늘은 어느새 우윳빛으로 혼탁해지고 구름이 많아지며 날은 흐리기 일쑤다. 필경 장마철이 가까워진 것이다. 덩굴장미는 자연의 시계를 미리 알고 있는 듯 이렇게 아름다움을 뽐낼 시기와 물러갈 시기를 저울질하는 것이다.

장맛비는 평소 내리는 비와는 다르다. 주룩주룩 온다. 우산을 써도 옷은 흠뻑 젖고 신발에는 물이 차서 걸음을 옮길 때마다 질퍽거린다. 종아리를 걷어 올리고 맨발로 걷고 싶은 충동을 느낀다. 바람이 부는 대로 들이치는 세찬 비는 뼛속까지 스며든다. 도로는 미처 바닥에 스며들지 못한 물로 가득하고, 지나가는 자동차는 연신 물보라를 뿜어낸다. 운 좋게도 실내에서 장맛비가 쏟아지는 도심 풍경을 바라보는 입장이 되면, 구수한 커피라도 마시면서 프레데리크 쇼팽의 〈빗방울 전주곡〉을 듣고 싶다. 해머가 피아노 줄을 때려서 튕기는 소리가 창문을 두드리는 빗방울 소리를 닮았다. 결핵으로 고통받던 음악가가 머물던 수도원의 정적과 무거운 피아노 음으로 띄엄띄엄 수놓은 굵은 빗방울 소리가 느껴진다. 음악가는 폭풍우에 갇혀서 밤늦도록 돌아오지 못한 연인 조르주 상드를 걱정하며 이 피아노곡을 작곡했다고 한다.

장대비가 쏟아지면 창문은 빗물로 흥건해져서 시야는 흐려지고 바깥 세계와 차단된다. 지나가는 사람들의 대화도 공사장의 소음도 빗소리에 파묻힌다. 도심에는 빗물에 벗겨진 때가 흙탕물에 섞여 여기저기 도랑을 이루며 흐른다. 응어리진 가슴을 쓸어내리듯 도랑물은 쏴 소리를 내며 맨홀로 빨려들어 간다. 밝거나 어두운 색깔로 묻혀 있던 추억도 하나둘 씻겨나간다. 매년 장마철이 되면 한 달도 채 안 되는 짧은 기간 동안 일 년 내릴 비의 절반가량이 이런 모습으로 숨 가쁘게 쏟아진다. 장맛비도 강약이 있고 잠시 쉬어가기도 하므로, 실제로 장맛비가 내린 시간을 합쳐보면 여름 내내 100시간도 안 될 것이다. 장맛비의 강도가 얼마나 거센지 가늠해볼 수 있는 대목이다.

　　장맛비는 대양의 수증기가 계절풍을 타고 아시아 대륙의 열기를 찾아가는 대규모 지구촌 행사다. 여름이 되면 태양의 남중 고도가 높아지고 열의 적도는 북반구로 옮겨온다. 육지가 많이 몰려 있는 북반구는 바다가 많은 남반구보다 빠르게 달아오른다. 특히 아시아 대륙은 광활한 만큼 다른 지역보다 더욱 빠르게 달아오른다. 더워진 공기는 위로 올라가고 이 빈자리를 메우기 위해 주변에서 바람이 모여든다. 아시아 대륙의 남동쪽에 위치한 우리나라는 여름에 바다에서 대륙으로 향하는 계절풍의 영향으로 남동풍 또는 남서풍이 분다.

　　티베트고원은 대륙 한가운데 우뚝 솟아 열기가 더욱 뜨겁고, 여기서 힘차게 상승한 공기는 멀리 시원한 바다를 향해 어서 오라고 손짓한다. 고원이 부르는 소리에 화답하듯 바닷바람은 멀리 남태평양에서도 찾아온다. 적도를 건너고 아프리카 동안을 지나고 아라비아반도와 인도를 거쳐서 고대 신라에 이르기까지 해초 스님이 다녔던 바다의 비단길을 따라 바람 띠가 이어진다. 그리고 필리핀 동쪽 해상에서 오키나와 부근을 지나 남해를 향해 이어진 또 다른 바람 띠와 합류한다. 아열대 해상의 많은 수증기가 바람 길을 따라 우리나라 쪽으로 실려 온다. 이때 남쪽 바다를 향해 두 팔을 벌리고 남풍을 힘껏 껴안으면 산호초와 비췻빛 바다를 건너고 이름 모를 섬의 진주 조개잡이 배나 야자수나 차 밭을 스치며 날아온 남국의 향기를 느껴볼 수도 있지 않을까.

　식물이 영양분을 축적했다가 꽃을 피울 때 일거에 몰아 쓰듯이 대기도 태양으로부터 받은 에너지를 우기에 몰아 쓴다. 적도에서 조금 비껴 있는 아열대 해역은 햇빛을 듬뿍 받아 수온이 높고 열에너지가 풍부하다. 하지만 비가 거의 오지 않아 바다의 사막이라 불린다. 심해의 자양분이 표면으로 올라오지 못해 물고기도 찾지 않고 고기잡이배도 없는 황량한 곳이기도 하다. 하지만 우리나라 입장에서는 장맛비를 가져다주는 소중한 수자원의 원천이다. 바다가 햇빛으로부터 받은 많은 에너지는 바닷물이 증발할 때 수증기로 옮겨 탄다. 여름철에는 아열대 해역에서 고원을 향해 수증기가 대거 이동하므로, 계절풍의 길목에 놓인 우리나라에는 이 수증기의 다발이 먹구름이 되어 장맛비를 내린다. 그러다가 계절이 바뀌면 계절풍이 점차 북서풍으로 변하면서 장마철도 끝난다.

　한편 수증기를 실어 나르는 바람은 아열대의 열기도 함께 나른다. 이 바람이 북상하며 지나가는 곳에서는 아열대와 비슷한 날씨를 일시적으로 체감하기도 한다. 장마철이 막바지에 이르면 푹푹 찌는 더위가 이어지다가도 열대 지역처럼 강한 소나기가 내렸다 그치기를 반복한다. 강한 소나기가 내릴 때는 적도에 있는 싱가포르에 와 있는 것 같고, 폭염과 열대야가 이어질 때는 아열대에 있는 동남아시아 국가나 대만에 와 있는 것 같다. 위도상 우리나라보다 훨씬 북쪽에 놓인 만주와 몽골에서도 더운 여름 날씨를 보게 되는 것도 아시아 대륙이 끌어낸 계절풍의 영향이다.

동남아시아에서 한반도까지 계절풍의 영향을 받는 지역은 물과 햇빛이 풍족하여 농사가 잘되고 사람이 많이 모여 산다. 장맛비는 농경사회에서 식량을 안정적으로 수급하는 데 절대적인 자원이었다. 매년 계절풍이 찾아와도 이 바람을 타고 흐르는 비구름의 강도나 진로는 매번 달라지기 때문에 자연의 장단에 맞추기가 힘들었다. 어느 해에는 비가 너무 많이 와서 홍수가 나고, 다른 해에는 비가 너무 적게 와서 가뭄이 들었다. 비가 많이 오면 많이 오는 대로 침수 피해가 났고, 적게 오면 적게 오는 대로 먹을 것이 줄어 사회가 불안해졌다. 계절풍의 변덕에 대비해서 빗물이 부족한 때는 우물을 파서 지하수를 갖다 쓰기도 했다. 저수지나 댐을 건설해서 비가 많을 때는 여기에 저장했다가 비가 적을 때 관개수로를 통해 필요한 곳에 물을 실어 날랐다. 또한 많은 인구를 먹여 살리기 위해 산림을 농지로 전환하여 수확량을 늘려나갔다.

그런데 장맛비를 관리하고 식량을 증산하려는 노력은 또 다른 문제를 불러왔다. 지하수나 하천의 용수를 많이 퍼다 쓰면 토양 수분이 줄어들고 땅은 햇빛에 더 쉽게 가열된다. 반면 산림 대신 들어선 작물 재배지는 햇빛을 더 많이 반사시켜서 땅이 가열되는 것을 저지한다. 풍족해진 식량과 함께 늘어난 산업 활동으로 도심에서 배출되는 오염 먼지들도 햇빛을 차단하거나 흡수하여 지면 온도에 변화를 불러온다. 인위적인 요인이 작용하여 대류이 더욱 덥혀지면 바다와의 기온·차가 벌어지며 계절풍의 강도도 세질 것이다. 그게 아니라 대륙이 덜 덥혀지면 바다와의 기온 차가 줄어들어 계절풍의 강도가 오히려 약해질 것이다. 장맛비의 변덕에서 벗어나려 할수록 기후도 함께 변해 계절풍의 변동성이 커지고 장맛비를 예측하기도 더욱 까다로워진다.

지구온난화는 장맛비의 또 다른 변수다. 해수 온도가 상승하면 증발량이 늘어난다. 기온이 올라가면 대기 중의 수증기도 늘어난다. 계절풍의 세기가 같더라도 수증기가 증가하면 계절풍의 길목에서 더 많은 먹구름이 생겨나고 더불어 장맛비도 거세진다. 반면 계절풍을 비껴가는 곳에서는 비가 오지 않고 고온에 땅의 수분이 증발되어 물 부족 현상이 심해진다. 지금과 같은 기후 변화 추세가 이어진다면 홍수와 가뭄의 대조가 지역별로 더욱 뚜렷해질 가능성이 크다. 항생제를 투여할수록 바이러스의 내성이 강해지듯이 자연에 대한 관리 영역을 넓히려 할수록 자연은 더욱 미묘하게 우리가 모르는 곳에서 심술을 부리는 것 같다.

폭풍
교향곡

　바람이 불고 구름이 끼고 비나 눈이 오는 것은 태양이 지구를 비추고 있어서다. 지구상의 모든 생명이 그러하듯 대기도 햇빛의 힘으로 움직인다. 대기는 식물처럼 햇빛을 직접 소화할 능력이 거의 없다. 대신 동물처럼 다른 것이 만들어낸 에너지를 먹고 산다. 땅이나 바다가 햇빛을 받아 만들어낸 에너지를 받아 쓰는 것이다. 한마디로 땅과 바다가 쉬지 않고 일을 해서 대기를 먹여 살린다.

　대기층을 통과한 햇빛은 땅과 바다에 고루 내리쬔다. 하지만 지형이 다르고 위도가 달라 지역별로 대기가 받는 열과 수증기의 양은 크게 다르다. 똑같은 햇볕이 내리쬐어도 모래사막 위의 대기는 빠르게 더워지고 건조해지는 반면, 바다 위의 대기는 기온 변화가 더딘 대신 수증기를 많이 받아 습윤해진다. 지역 특성에 따라 그 위에 머무는 대기의 기온과 습도가 달라지고 이 차이를 해소하기 위해 대기가 꿈틀댄다. 에너지를 제공한 것은 햇빛이지만 대기를 움직이는 것은 이 땅의 태생적 다양성이다.

두 개의 지각판이 서로 다가서면 어느 순간 더는 압력을 견디지 못하고 폭발하여 지진이 일어난다. 마찬가지로 온습한 기운과 한랭한 기운이 맞부딪히면 어느 순간 불균형을 해소하기 위해 폭풍이 인다. 서로 맞선 세력의 성격 차이가 크면 클수록 균형추를 맞추려는 대기의 몸부림도 커진다. 바람이 강하게 이는 가운데 기온이 큰 폭으로 오르거나 떨어진다면 십중팔구 주변 대기 중에서 청군과 홍군의 몸싸움이 크게 벌어지고 있는 것이다. 햇빛에 지면이 달궈지면 그 열이 대기 중으로 옮겨가 하층부터 따뜻해지고 상대적으로 서늘한 상층 대기와 충돌하며 격렬한 소나기구름이 일어난다. 그런가 하면, 아열대의 더운 공기가 남풍을 타고 한반도로 다가서고, 만주의 시원한 공기가 북풍을 타고 내려오면 그 사이에 형성된 전선대에서 온대저기압이 발달하며 폭풍우가 친다.

베토벤이 자주 산책했던 오스트리아의 하일리겐슈타트는 내륙 지방이라서 여름에 기온이 섭씨 30도 이상으로 오르기도 하지만 우리나라만큼 무덥지는 않고 저녁에는 서늘하다. 오후에 소나기가 자주 내리는 편이지만 대개는 한때의 폭우에 그친다. 신록이 우거진 숲길이나 시냇물이 졸졸 흐르는 시냇가나 새들이 노래하는 들판을 거닐면서 음악가는 자연에 깃든 뮤즈 여신과 대화하며 다양한 악상을 떠올렸을 것이다. 아침에는 날씨가 맑았어도 오후에 산책에 나섰다가 우당탕탕 하는 소낙비를 만나 서둘러 비를 피했던 적도 있었을 것이다. 전원생활을 회상하며 작곡했다는 〈교향곡 6번〉에는 자연을 사랑했던 음악가의 기질이 고스란히 담겨 있다. 서두에는 목가적인 시골 풍경 속에서 마을 사람들이 춤을 추는 평화로운 흐름이 이어지다가 4악장에서는 천둥 번개를 동반한 폭풍우가 내리친다. 요란한 돌풍이 바이올린의 음색에 실려 불어오고, 천둥과 번개는 고음의 피콜로와 트롬본이 스타카토로 끊어내는 진동과 함께 긴장감을 불러일으킨다. 그러다가 어느새 폭풍우는 물러간다. 전원에는 다시 자연을 고마워하는 농부들의 마음과 함께 평온함이 깃든다.

작은 소나기구름이 발달했다가 소멸하는 데는 반 시간가량이 소요된다. 잠깐 비를 피해 기다리면 "이 또한 지나가리라"라는 말처럼 금세 날이 개는 것이다. 하지만 저기압이나 태풍에 동반된 폭풍우가 어느 곳을 지나가려면 통상 12시간 정도는 족히 걸린다. 단신으로 요트를 타고 세계 일주에 성공한 웹 칠스(Webb Chiles)처럼 작은 돛배에 의지하여 폭풍우 속을 지나간다고 상상해보라. 먹구름이 들이차서 사방이 캄캄하다. 강한 바람에 돛은 찢어지고 배는 바람 따라 이리저리 떠내려간다. 세찬 비로 배 안은 어느새 물로 가득하다. 양동이로 물을 퍼내도 끝이 없다. 성난 파도에 배는 금방이라도 뒤집힐 것 같고, 속은 매스꺼워서 몇 번이라도 토해내야 시원할 것 같다. 식욕도 없다. 나에게 닥친 불운이 거대한 산처럼 서 있어서 이대로 죽는 게 아닐까 싶다. 이런 상황에서는 일분일초가 하루처럼 길게 느껴진다. 목전의 위험을 피하는 데 급급해서 그 너머에까지 생각이 미치지 않는다. 하지만 아무리 거친 폭풍이라도 시간이 지나면 끝을 보이기 마련이다. 그리고 대미에는 무지개가 뜬다.

뮤지컬 영화 〈오즈의 마법사〉를 보면 단조로운 일상에 따분해진 도로시가 〈무지개 너머 어딘가(Somewhere Over the Rainbow)〉를 노래한다. "무지개 너머 어딘가에 하늘은 푸르고 당신의 꿈이 이루어지는 곳."

그러다가 다가오는 폭풍우에 몸을 맡기고는 회오리바람을 타고 갖가지 모험이 기다리는 곳으로 여행을 떠난다. 앳된 시골 소녀가 느린 템포로 감미롭게 노래하는 주제 선율에는 어떤 미래도 두려워하지 않고 미지의 세상으로 가고 싶어 하는 호기심과 동심이 넘쳐흐른다. 시속 400킬로미터가 넘는 순간풍속으로 지나는 곳마다 건물이며 자동차며 나무를 공중으로 끌어올려 파괴해버리는 무지막지한 자연의 힘 앞에서도 마치 아무것도 모른다는 듯이 천연덕스럽게 노래할 수 있는 것은 어린 시절의 특권일 것이다. 컬러 영화임에도 이 장면은 흑백 영상으로 처리하여 관객의 상상력을 자극한다. 멀리 지나가는 무시무시한 회오리바람과 티 없이 맑은 소녀의 모습이 대조를 이루며 묘한 신비감마저 느끼게 하는 장면이다.

비 온 후 무지개가 뜨면 세상이 다르게 보인다. 매일 보던 낯익은 건물이며 들판이며 도로이건만, 하늘에 드리운 형형색색의 구름다리 아래에서는 새로 단장한 풍경화가 되어버린다. 공장에서 새어 나오는 검은 연기나 도로 위를 가득 메운 차량의 행렬이나 아무렇게나 우후죽순 솟아난 스카이라인도 밝은 빛의 조화에 파묻혀 보이지 않는다. 머릿속의 복잡한 고민이나 일터에서 가져온 상념도 잠시 사라지고, 한동안 잊고 있었던 옛 추억과 아름다운 꿈이 떠오른다.

무지개는 자연이 연출하는 거대한 설치 미술이다. 대기 중에 남아 있는 수많은 빗방울이 힘을 모아 햇빛을 굴절시키고 반사하며 여러 색을 보여준다. 크레파스나 물감이나 그 어떤 색감으로도 그 깊이와 광채와 부드러움과 입체감을 재현해낼 수 없다. 구름 안에는 크고 작은 구름방울이 수없이 모여 있다. 이것들은 서로 부딪히고는 합쳐지거나 분리되면서 빗방울만큼 커지기도 하고 작은 구름방울로 남기도 한다. 충분히 커진 물방울은 더 이상 중력을 이기지 못하고 비가 되어 떨어진다. 비구름이 약해지며 물러갈 무렵이 되면 비교적 크기가 고른 빗방울들이 대기 중에 남아 있을 때가 있다. 이때 해를 등지고 빗방울을 바라보면 무지개를 볼 수 있다. 빛이 빗방울 안에서 굴절하는 각도가 있어서 해가 뜨거나 질 때처럼 태양의 고도가 낮아야 더 둥근 무지개를 볼 수 있다.

한때 빗방울들은 구름 안에서 자유분방하고 무질서하게 서로 부딪히고 쪼개지고 합쳐지면서 세찬 물줄기를 뿜어내고 거친 돌풍을 일으켰다. 이제 그 빗방울들은 질서 정연하게 비슷한 크기로 정숙하게 떠 있다가 햇빛을 굴절하고 반사시켜서 환상의 반지를 보여준다. 그것이 바로 무지개다. 폭풍우에 휘말려도 고개를 꼿꼿이 세우고 걸음을 멈추지 않은 자에게 보내는 위로와 축하의 선물이랄까.

그런데 우리는 같은 시간에 함께 있더라도 각자 다른 무지개를 본다. 서 있는 위치에 따라 등진 해의 각도가 다른 데다가 햇빛을 받은 물방울은 다른 각도로 반사하고 굴절하여 관찰자의 시야에 들어오기 때문이다. 각자 다른 물방울이 각자 다른 각도로 보내온 빛을 보는 것이다. 다만 그 차이가 미세하여 우리는 같은 무지개라고 생각할 뿐이다. 어린 시절 무지개를 좇아가 보려 한 적이 있었다. 곧장 나아가고 싶어도 구부러진 골목길 탓에 이리저리 헤매다가 좀 더 다가가 보아도 무지개는 여전히 먼발치에서 우리를 기다릴 뿐이었다. 그 간격은 결코 좁혀지지 않았다. 설령 빠른 걸음으로 물러가는 폭풍우의 끝자락에 다가가 본다 해도, 손에 잡히는 것은 축축한 습기뿐이고 무지개의 형체는 온데간데 없을 것이다. 멀리 있을 때는 다가가고 싶고 가까이 갔을 때는 잡을 수 없기에, 무지개가 더 아름다워 보이는 것인지도 모르겠다. 우리의 꿈도 무지개 같은 것이 아닐까.

3부

구름 사이로
흘러가는
가을

하늘색
――――――― 파랑

어둠 속에서 파란빛이 먼저 다가와 하루의 시작을 알린다. 높은 곳에 떠 있는 기체가 일찍 해를 보고 소식을 전한 것이다. 스카이라인에는 두터운 대기층을 지나며 살아남은 붉은빛과 주변의 파란빛이 섞인 오묘한 보랏빛이 감돈다. 여명이 아름다운 것은 땅이 떠오르는 태양을 감추고 있기 때문일 것이다.

하늘의 파랑은 그냥 파랑이 아니다. 빛나는 파랑이다. 햇빛의 빠른 박자에 맞추어 기체 안의 전자가 진동하며 경쾌하게 춤을 춘다. 게다가 바람이 부는 대로 대기가 흔들리면 푸른빛이 반짝거린다. 사파이어가 우주의 별처럼 하늘에 넓게 퍼져 있는 것 같다. 기체들은 층층이 쌓여 중력이 끝나는 곳까지 빛을 산란하므로 파란색의 깊이를 가늠하기 어렵다. 보면 볼수록 심원한 대기의 바다 속으로 빨려들어 갈 것만 같다.

이 파랑은 매일 마주치는데도 싫증이 나지 않는다. 자세히 들여다보면 똑같은 파랑은 없다. 언제 어딜 보든 매번 다른 파랑이다. 머리 위를 쳐다보면 청화백자에 새겨진 무늬처럼 진한 파랑이지만, 고개를 숙이면 색이 점차 옅어지다가 지평선에 이르면 닳고 닳은 청바지처럼 연한 파랑이 된다. 같은 곳을 쳐다보더라도 태양의 궤적에 따라 색이 변한다. 태양이 시야에 들어오면 환한 빛이 들었다가 시야에서 멀어지면 다시 푸른빛이 돌아온다. 어디 그뿐인가. 오가는 구름 사이로 드러나는 파랑은 흰색이나 회색에 대비되어 더욱 도드라지기도 한다.

가을은 사계 중 가장 쾌적한 시기다. 장마철에 수증기를 몰고 왔던 남풍은 북서풍으로 바뀌며 습도가 낮아진다. 피부에 뭔가 닿아도 끈끈해지는 불편함도 없고, 그렇다고 피부가 마를까 봐 크림을 발라주지 않아도 된다. 실내든 실외든 겉옷만 맞춰 입으면 쉽게 체온을 조절할 수 있다. 체온을 내리기 위해 땀을 흘리지 않아도 되고 몸을 덥히기 위해 근육을 긴장시키지 않아도 된다. 들판에는 여름 내내 햇빛을 듬뿍 받아 가지마다 주렁주렁 매달린 열매들이 수확을 기다린다. 집 앞마당 감나무 가지에는 홍시가 주렁주렁 매달리고 저 멀리에는 벼이삭이 여문 황금벌판이 펼쳐진다. 여기저기 붉거나 노랗게 물들어가는 단풍 사이로 드러난 하늘은 색의 대비로 파란색이 더욱 선명하다.

장마철에는 남풍이 바다의 수증기를 한반도로 끌어오기에, 대기 중에 수증기가 많다. 하늘의 파란빛이 맑지 않고 흰색이 섞인 것처럼 부옇다. 부유하는 먼지에 수증기가 달라붙으면 미세한 구름방울이 되고 먼지보다 커진 구름방울은 파장과 상관없이 빛을 고루 산란하여 우리 눈에 허옇게 보이는 것이다. 여기에 북태평양고기압이 한반도를 덮어 대기가 정체하기라도 하면 주변에서 배출된 먼지가 대기에 쌓이면서 지평선 위의 하늘은 갈색에 가까운 어두운 띠가 드리운 것처럼 탁해 보인다. 하지만 가을이 되면 남풍에서 북풍으로 바람이 점차 바뀌면서 북쪽으로 올라갔던 찬 공기가 되돌아온다. 대기 중에 수증기가 줄어들며 푸른빛은 더욱 맑아진다. 여름철의 우윳빛 하늘을 막 지나온 탓에 가을 하늘은 유난히 파랗게 느껴진다.

가을에는 높은 구름이 많이 낀다. 찬 공기가 남쪽으로 많이 내려올수록 따뜻한 공기를 높은 곳에서 만나게 되어 구름의 고도가 높아진다. 게다가 고도가 상승할수록 수증기는 적어져서 구름 층이 얇어지고 구름에서 반사한 흰색이 고스란히 우리 눈에 들어온다. 구름이 높이 뜨면 하늘이 시원스레 탁 트여 보이고 순결한 흰색이 파란 하늘과 대비되어 신선함을 더해준다.

일렉트릭 라이트 오케스트라가 부른 〈미스터 블루스카이 (Mr. Blue Sky)〉는 푸른 하늘에 대한 찬가다. 알프스산에서 안개를 뚫고 맑게 갠 하늘이 나타날 때 벅차오르는 명랑한 기운이 잘 담겨 있다. "볕이 들고, 시야는 구름 한 점 없이 확 트이고, 비도 그치고, 모두 들뜬 기분이에요. 알고는 있나요? 아름다운 새날이 열렸다는 걸. 거리를 달리며 햇살이 모든 것을 밝게 비추는 걸 봐요. 한때 우울했던 도심이었건만 오늘은 푸른 하늘이 활기를 불어넣어 주네요."

한편 먼지가 씨앗이 되어 구름방울이 된다 하더라도 기온이 낮을수록 얼음 구름이 생기기 유리하다. 고도가 높아질수록 기온이 낮아지므로, 대기의 상층부에서는 구름방울이 얼음의 형태를 띠기 쉽다. 기온이 점차 떨어지는 가을에 얼음 입자를 가진 높은 구름이 자주 눈에 띄는 이유다.

특히 새털구름은 깃털처럼 부드러우면서도 우아함을 더해준다. 아무렇게나 우후죽순 자라는 것이 아니라 혼란 속에서도 어떤 질서와 미적 균형을 보여주는 것이다. 얼음 입자는 구름 속에 병존하는 과냉각 수적이나 주변 수증기를 끌어들여 덩치가 커진다. 그러다가 자신의 무게를 이기지 못해 하강하는 동안 증발이 일어나 입자는 점차 쪼그라들다 결국 사라진다. 결국 구름의 흔적이 끊기게 되어, 지상에서 보면 가느다란 구름 띠처럼 보인다. 대류권에서 바람은 고도가 높을수록 강하므로, 구름 상부가 하부보다 바람에 많이 밀려 올라가 활 모양으로 휘어진 구름 모양이 나온다. 쉼표 모양의 꼬리는 왈츠처럼 경쾌하게 미끄러지는 리듬으로 차분한 파랑 위에 생동감을 불러일으킨다.

오래전 스페인의 마드리드에서 늦은 아침에 본 마리안블루(marian blue)를 잊을 수 없다. 카페 양옆으로 붉은색이나 상아색으로 입혀진 석조 건물 사이에 드러난 하늘은 푸른색이 어찌나 진한지 어둡게 느껴질 정도였고 어떤 위압감마저 느껴졌다. 그 하늘이 어떻게 그렇게 진한 파란색이 되었을까. 아열대 고압부는 기후적으로 연중 하강기류가 우세하여 비가 적고 대기가 안정한 날이 많다. 이 고압권 안에 놓인 데다 내륙 지방이라면 해상에서 수증기가 바로 유입되기 어려워 대체로 대기도 건조하다. 게다가 북쪽에서 이동성고기압이 접근해 오며 찬 공기를 끌어들인다면 대기는 더욱 건조해진다. 마드리드는 서울보다 해발고도가 600미터 이상 높은 고원이다. 대기층이 그만큼 얇고 산란광도 적은 만큼 광도가 떨어진다. 푸른빛이 그토록 진하게 느껴진 것은 착시 효과였던 것 같기도 하다.

파란 하늘에 다가설 수 없는 것처럼 땅 위에서도 파란색을 채취하기는 쉽지 않았다. 암석과 식물과 곤충에서 추출한 재료는 복잡한 과정을 거쳐야 파란 색소가 되었다. 청금석(lapis lazuli)에서 추출한 마리안블루는 진귀한 보석처럼 취급받았고, 동로마 비잔틴제국 때부터 순결함과 고귀함을 상징하는 곳에 주로 칠해졌다. 산드로 보티첼리의 〈잠자는 아기 예수를 경배하는 성모(The Virgin Adoring the Sleeping Christ Child)〉(1490)에는 두건을 쓴 성모의 뒤로 은은하게 파란빛이 감도는 여명의 하늘이 보인다. 성모가 걸친 파란 가운이 바닥에 누운 아기 예수를 감싸고 있는데, 이 가운의 파란색이 마리안블루다. 성모의 고귀함을 한껏 표현하려는 의도인 듯하다. 조선 시대에도 백자에 코발트를 칠한 청화백자는 왕실과 사대부에게 인기가 높았다. 중국에서 수입한 코발트가 얼마나 비쌌으면 영·정조 때 사치스러운 청화백자를 사용하지 말자는 얘기가 나왔을까.

　생활 주변에서 흔히 마주치는 푸른색은 대개 화학적 공법으로 만들어낸 인공 색이다. 휴양지로 유명한 그리스 산토리니섬은 하얀 벽돌 위에 돔 모양의 파란 지붕을 얹은 건물들로 관광객의 눈길을 끈다. 섬마을 사람들은 석회암에 탤크 가루를 섞은 안료를 썼다. 배를 손질하고 남은 페인트로 지붕뿐 아니라 집 안의 다른 곳을 칠할 만큼 파란색도 흔한 색이 된 것이다. 쓸 수 있는 파란색의 종류는 수십 가지가 넘지만, 하늘이 보여주는 색의 다양성과 깊이와 광택과는 비교가 안 된다.

　가을치고는 때 이르게 한파주의보가 내렸던 날이 기억난다. 북쪽에서부터 찬 공기가 빠르게 내려와, 구름을 높은 곳으로 밀어 올렸다. 추분을 지나며 태양의 남중고도가 한결 낮아진 만큼, 높은 구름에 비친 저녁 햇살은 더 큰 각도로 구름 하부에서 반사되며 멋진 저녁놀을 선사했다. 아직 푸른빛이 남아 비취색으로 은은하게 빛나는 하늘과 핑크색으로 단장한 높은 구름은 그렇게 깊어가는 가을밤을 화려하게 열고 있었다. 다음 날 찬 공기가 불러온 대륙고기압이 세력을 뻗치면서 하늘은 구름 한 점 없이 맑게 개었고 먼지마저 사라졌다. 대기는 빨강과 노랑으로 조금씩 물들어가는 벚나무 이파리 사이로 더욱 파랗게 빛나고 있었다. 시인의 탄성이 들려왔다. "오매 단풍 들것네."

단풍잎
화음

　가을이 되면 세상이 색으로 뒤덮인다. 가로수의 초록색이 노랑 빨강으로 바뀌면서 도심은 자연스럽게 축제 분위기에 빠져든다. 봄에 꽃을 피운 나무들은 가을에 다시 한번 꽃을 피워서 우리를 즐겁게 해준다. 이번에는 아예 온몸으로 꽃을 피운다. 사실 꽃잎이나 그냥 잎이나 다를 게 뭐란 말인가. 잎에 색이 들면 꽃이라 부를 수 있는 게 아닐까.

　한 그루의 나무 안에서도 가지마다 나뭇잎이 물드는 속도가 달라서 여기저기 다른 색의 꽃이 피어나는 것 같다. 어떤 벗나무는 한쪽은 붉은색이고 다른 쪽은 아직 초록색이 많은 콤비로 갈아입는다. 그러다가 시간이 지나면 한쪽은 잎이 떨어진 앙상한 가지만 남기고, 다른 쪽은 온통 붉은빛으로 물든다. 생을 다할 때까지 정열을 남김없이 불태우는 모습이 마치 타다 남은 촛불이 한데 모여 바람에 흔들리는 것 같다.

그런가 하면 은행나무는 초록과 노랑이 섞여 있다가 점차 완전히 노란색으로 물든다. 은행나무 가로수 길을 걷다 보면 흐린 날에도 백열등을 켜놓은 것처럼 환하고 화사하다. 플라타너스는 은행나무처럼 노랗게 물들면서도 잎이 크고 넓적해서 색의 느낌이 훨씬 강렬하다. 진한 갈색 톤이 섞여 있는 노란 잎이 햇살에 반짝이면 태국의 황금 사원 주변을 거니는 듯한 착각이 들 정도다. 잘 다듬어진 정원수 모양의 안정된 구도로 팔을 벌린 느티나무는 진한 갈색 톤으로 기품 있게 물들어 고즈넉한 가을의 정취를 물씬 느끼게 해준다. 고택을 감싸 안거나 오래된 나무를 타고 오르는 담쟁이덩굴이 보여주는 빨간빛은 마치 스페인 투우사의 붉은 망토처럼 정열적이다. 단풍나무는 색이 선명해서 가을을 대표하는 나무가 되었지만, 가을만 되면 사람들이 다른 나무를 자기 이름으로 불러댄다고 내심 서운해할지도 모르겠다. 그러고 보니 봄철 단풍나무에 꽃이 피는 모습을 제대로 본 기억이 안 난다. 나뭇잎에 비해 꽃이 작고 색도 약해 눈에 잘 띄지 않아서다. 하지만 이 나무들이 가을에 피우는 단풍 꽃은 화려하다. 다만 누구도 이것을 꽃이라고 부르지 않을 뿐이다.

땅에 떨어진 이파리는 말라가면서 진한 초콜릿 색깔로 변해간다. 한때 화려한 색으로 눈을 크게 뜨게 해주었던 단풍잎은 이제 청각과 후각과 촉각을 깨운다. 층층이 쌓인 낙엽 위를 걸어가면 경쾌한 바스락 소리가 난다. 오븐에 바짝 구워내 파삭파삭해진 크루아상이나 애플파이를 깨무는 것 같다. 겹겹이 반죽을 포개낸 것이 쌓인 낙엽을 닮았다.

가을에 더욱 건조해진 공기 안에는 미량의 향기들이 들어 있다. 이 향기들은 각자의 존재를 알리면서 예민해진 후각을 자극한다. 낙엽이 서로 부딪칠 때마다 다크 초콜릿의 달콤한 향기에다 장작불을 지필 때 맡았던 갖가지 향이 섞여 나온다. 풍파를 만나야 덕이 드러나듯이 낙엽도 으스러질 때마다 지나온 세월의 향기를 내어놓는다. 메타세쿼이아나 소나무 길로 들어서면 갑자기 눈이 내린 듯 고요해진다. 가느다란 이파리들이 마치 눈이 내리듯 쌓이면서 소음을 빨아들이는 것 같다. 그러면서 곱게 깔린 양탄자 위를 지나가는 것처럼 푹신한 느낌이 든다.

자연의 숨결은 감정을 자극하여 처음 그 품에 안겼던 시절로 우리를 데려간다. 이럴 때 낙엽 진 숲에서 첼로 소나타를 들을 수 있다면 얼마나 좋을까. 현악기의 밤색 목재는 가을의 색을 닮았다. 특히 첼로는 두터운 몸집에서 나오는 중후한 음색으로 깊어가는 가을의 정취를 물씬 풍긴다. 장 밥티스트 바리에(Jean-Baptiste Barrière)의 〈첼로 소나타 4번〉 2악장에서 두 대의 첼로는 서로 주거니 받거니 우아하게 대화를 나눈다. 조금 걸으면 오르막이 나오고 구부러진 내리막을 돌면 또다시 오르막이다. 그렇게 낙엽 진 숲을 걷다 보면 어느새 추억 속의 내가 음악을 통해 지금의 나에게 속삭인다. 지난 계절의 풍파를 견뎌온 삶의 의미를 깨우쳐주는 것 같기도 하고, 다가올 추운 겨울도 이겨내라는 따스한 격려의 말을 해주는 것 같기도 하다.

낙엽이 오감을 홀리는 동안 나도 모르게 단풍의 인생사 속으로 빨려들어 간다. 가을로 접어들면 추분이 지나면서 밤이 낮보다 길어진다. 낮에는 햇빛을 받아 기온이 오르고, 밤에는 대지가 하늘을 향해 적외선 에너지를 내보내는 만큼 땅과 주변 대기가 차갑게 식어간다. 밤이 길어질수록 이렇게 잃는 에너지가 늘어나고, 가을이 깊어갈수록 기온은 하루가 다르게 뚝뚝 떨어진다. 나무는 생리적으로 이 계절의 변화를 느끼고는 월동을 위해 이파리와 줄기 사이에 물과 양분이 흐르는 통로를 떨켜로 막아 이파리를 떼어낼 준비를 한다. 또한 광합성을 하는 클로로필도 더는 만들어내지 않는다. 남아 있는 클로로필은 분해되고 녹색 색소는 점차 사라진다. 그러면서 이파리에 남아 있던 카로티노이드나 크산토필 같은 노란 색소가 전면에 드러난다. 광합성으로 이파리에 쌓인 설탕은 떨켜층에 막혀 줄기로 빠져나가지 못하고, 일부가 이파리에 남아 안토시아닌이라는 붉은 색소를 만들어낸다.

　　단풍잎 하나에는 지난 한 해 동안 날씨와 함께 살아온 이파리의 여정이 고스란히 담겨 있다. 일 년간 흘린 땀의 대가가 이파리의 색을 통해 드러난다. 봄철에 맑은 날이 많아 햇빛을 듬뿍 받고 주기적으로 지나가는 온대저기압이 간간이 비를 뿌려주었다면 단풍나무는 토양에 흡수된 수분을 빨아올려 이파리로 활발하게 광합성을 하고 무럭무럭 성장을 거듭했을 것이다. 한여름에 강렬한 햇살이 쏟아져도 장맛비가 적당히 내려주었다면 단풍나무는 토양의 수분을 이파리로 배출해내면서 열기를 식히고 무더위를 견뎌낼 수 있었을 것이다. 바람도 모나지 않았다면 이파리가 줄기에 단단히 붙어 안정된 환경에서 지내올 수 있었을 것이다. 가을이 되어 맑은 날이 계속되면 낮에는 햇빛을 많이 받아 설탕이 많이 생산되고, 밤에는 적외선이 쑥쑥 하늘로 방출되어 기온이 뚝뚝 떨어진다. 떨켜층이 두껍게 자라는 동안 이파리에 남은 영양분은 안토시아닌으로 변해 빨간 단풍잎이 제대로 모양을 내게 된다. 이렇게 축복받은 날씨의 혜택을 입은 이파리라면 축적한 영양분이 풍부해서 가을에 감사의 축제라도 벌이듯 곱게 물들 준비가 되어 있는 셈이다.

반면 봄과 여름에 날씨가 끄물끄물하고 구름 낀 날이 많았다면 광합성에 필요한 일조량이 부족해서 영양분 수급이 원활하지 않았을 것이고, 나무는 힘든 시간을 보냈을 것이다. 게다가 비도 조금 내렸다면 토양에서 뿌리를 통해 빨려오는 수분도 부족해서 피부도 쭈글쭈글했을 것이다. 한여름에 가뭄과 불볕더위가 계속되었다면 그나마 남은 수분마저 더위를 이겨내느라 땀을 흘리듯이 기공 밖으로 내보내면서 이파리는 물 부족으로 심한 스트레스를 받고 생존의 위협마저 느꼈을 것이다. 태풍이라도 들이닥치면 이파리는 바람의 힘을 이기지 못하고 가지째 찢겨나가 험한 상처를 입었을 것이다. 이렇게 혹독한 봄과 여름을 지나온 이파리라면 나의 불행을 다음 세대에까지 넘겨주지 않기 위해 극단적인 선택을 할지도 모른다. 단풍은 고사하고 한시라도 빨리 이파리를 미리 떨구어버릴 것이다. 나무의 수분이 빠져나가지 못하게 말이다. 그렇게 가을이 오기도 전에 하나둘 변색한 잎이 떨어지는 걸 보면서 사람들은 나무의 속도 모르고 "이번 가을은 왜 이리 빨리 오지" 하는 오해를 하기도 할 것이다.

게다가 가을이 되어도 구름이 많이 끼면 낮에는 광합성이 잘 되지 않아, 설탕이 덜 만들어지고 색소의 생산도 더뎌진다. 야간에는 구름이 대지를 감싼 비닐하우스 역할을 하게 되어 기온이 덜 떨어지고 나무의 생체 시계도 느려진다. 날씨가 끄물끄물하고 비가 구질구질하게 자주 오면서 단풍이 활짝 모습을 드러내기보다는 색이 선명하지 않은 단풍이 느리게 찾아올 것이다. 그러면 사람들은 단풍 색이 왜 이리 탁하냐면서 괜스레 대기오염을 탓할지도 모른다. 물론 나무도 사람처럼 공해와 먼지로 인해 생육에 지장을 받을 것이다. 하지만 그보다는 날씨가 주는 스트레스가 단풍의 빛깔에 고스란히 나타난 것이다. 화난 사람이 표정을 일그러뜨리듯이 말이다.

나뭇잎이 물들기 시작하면 어디론가 떠나고 싶다. 날씨도 확인해봐야겠지만 산과 들에 단풍이 얼마나 물들었는지가 더 궁금해진다. 한때 기상청에서 단풍이 드는 시기를 예보한 적이 있었지만 지금은 민간 기상회사가 그 역할을 대신 맡고 있다. 나뭇잎이 물드는 시기는 크게 보면 계절의 흐름에 순응해온 식물의 생체 리듬을 따라간다. 하지만 각론으로 들어가면 날씨에 따라 절정기나 빛깔의 곱기가 달라진다. 이 점에 착안하여 단풍이 절정에 이르는 시기를 지도에 표시해 알려주는 것이다. 단풍이 절정에 이르는 시기를 지도 위에 선으로 그어보면 지역마다 계절이 지나가는 속도를 느낄 수 있다. 북쪽에서 내려오는 단풍 전선은 내륙 지방에서 더욱 빠르게 남하한다. 울퉁불퉁한 산지에서도 계곡보다는 능선이 더 빨리 단풍에 물든다. 우리나라는 산지가 많고, 산지는 평지보다 기온이 낮다. 나무가 추위를 체감하는 시기대로, 단풍이 드는 순서대로 겨울이 다가오는 것이다.

지구온난화가 진행되면서 여름이 길어지고 가을은 점차 짧아지는 추세다. 단풍이 드는 시기도 점차 늦어지는 경향이 있다. 밤이 길어지는 신호는 일정하지만 기온이 낮아지는 신호는 온난화로 계속 늦추어진다. 두 신호가 서로 엇박자를 내면서 나무의 생체 시계는 교란되고 단풍의 색도 둔탁해진다. 온난화는 특히 낮보다는 밤 기온을 높이는 쪽으로 작용한다. 여름철에는 열대야가 더욱 기승을 부리고 가을에는 야간의 기온이 덜 떨어지면서 단풍도 곱게 물들기 어려워진다. 온난화는 식생의 분포에도 영향을 미친다. 나무들은 더위를 피해 점점 북쪽으로 옮겨간다. 산지에서도 점점 높은 곳으로 옮겨가는 추세다. 단풍은 식생의 분포에 따라 색의 배치가 달라진다. 기후변화가 심해질수록 자연은 지금과는 사뭇 다른 가을 풍경을 보여주게 될 것이다. 지금은 당연하게 즐기는 단풍의 향연도 후대 사람들에게는 먼 옛날의 아름다운 추억으로만 남게 될지도 모를 일이다.

어둠의
힘이
포개지면

한 발을 내밀어 앞으로 걸어가는 동안에도 지구가 발을 끌어당긴다. 스쳐가는 다른 사람도 나를 끌어당긴다. 그 힘이 너무 미세하여 느끼지 못할 뿐이다. 태양도 지구를 끌어당긴다. 하지만 지구가 빠른 속력으로 태양 주위를 공전하여 만들어내는 원심력이 태양의 인력을 상쇄하므로 태양과의 거리가 일정하게 유지된다. 그렇지 않았다면 지구는 진작 태양 가까이 끌려가서 대기가 용광로처럼 뜨거워졌을 것이다.

밤낮이 바뀌는 하루 동안 지구의 중심과 태양 사이의 거리는 거의 변하지 않는다. 하지만 내가 서 있는 곳은 지구의 자전과 공전으로 움직이므로 낮에는 태양에 조금 더 가까워지고 밤에는 조금 더 멀어진다. 낮에는 태양에 좀 더 가까이 다가서는 만큼 미세하게 태양의 인력이 공전의 원심력보다 세지면서 태양을 향해 이끌려가는 힘이 생긴다. 밤에는 태양에서 조금 멀어지며 태양의 인력이 조금 약해지는 대신 공전의 원심력이 상대적으로 커지면서 저문 태양의 반대편인 밤하늘을 향해 솟구치는 힘이 생긴다. 이 힘은 지구가 중심으로 끌어당기는 힘에 비하면 10만분의 1도 안 되므로 체감하기 어렵다. 하지만 물 분자 하나하나마다 작용하는 작은 힘이 모여, 한낮이나 한밤중에 바닷물이 솟아오르게 한다.

빛이 밝음의 힘이라면 인력은 어둠의 힘이다. 태양이 빛나는 광선으로 만물에 생기를 불어넣는 동안 우리는 이 어둠의 힘을 잊고 산다. 하지만 생명을 다한 별이 남겨두었다는 블랙홀을 보라. 빛이 없는 어둠 속에서 주변의 모든 것을 빨아들이고 심지어는 빛마저도 끌어들인다지 않는가. 달은 햇빛을 반사하여 밤에 빛난다. 달은 스스로 빛을 내지는 못하지만 인력만큼은 자기 몫을 낸다. 달이 바닷물을 끌어당기는 힘은 태양의 두 배나 된다. 무게는 태양보다 훨씬 덜 나가지만 지구 가까이 있다 보니 물을 끄는 힘은 더 세기 때문이다.

둥근 달을 바라보면 밤하늘을 포근하게 감싸주는 빛과, 밤의 세계를 깨우는 인력이 동시에 느껴진다. 밝은 면을 보면 추석에 가족이 모여 보름달에 소원을 빌거나 달나라에 산다는 토끼 이야기를 나누는 장면이 떠오른다. 멕시코의 3인조 밴드 로스 트레스 디아만테스(Los Tres Diamantes)가 부른 〈보름달(Luna Llena)〉에는 달빛이 비치는 숲과 들판을 거닐 때의 한적함과 애달픈 정서가 담겨 있다. "어스름한 빛과 고요함. 푸르스름한 땅거미. 부엉이가 멀리서 알린다. 오늘 밤 보름달이 뜨리라는 걸…… 그(달)의 푸른 망토를 밤에게 입힐 것이다." 남미 가수의 목소리는 악기로 치면 플루트를 닮았다. 부드러우면서도 다소 허스키한 음색으로 부르는 이 노래를 듣다 보면 나도 모르게 옛 추억에 빠져든다. 그런가 하면 드뷔시의 《베르가마스크 모음곡》 중 〈달빛〉은 한 폭의 인상파 그림이다. 피아노의 부드러운 선율 사이로 새어나온 달빛이 밤거리로 쏟아진다. 가면을 쓴 무희들이 소란한 축제의 거리에서 빠져나와 〈달빛〉에 맞추어 우아한 춤사위를 선보인다. 마치 달빛과 함께 잠시 꿈길을 걷는 느낌이다.

반면 어두운 면을 보면 보름달의 인력에 이끌린 무언가가 무덤에서 일어난다느니 하는 기이한 서양 미신이 떠오른다. 아르헨티나의 어느 시골에는 일곱 번째로 태어난 아이가 사랑에 빠지면 보름달이 뜰 때 늑대로 변한다는 전설이 전해 온다. 영화 〈나자리노〉에서 늑대 인간은 금발 소녀 크리셀다와 사랑에 빠지고 두 연인은 결국 마을 사람들의 총에 맞아 하늘나라에서 다시 만난다. 주제가 〈아이가 태어나면(When a Child Is Born)〉은 나자리노의 슬픈 운명을 암시하는 것 같다. "아이가 자라게 되면 눈물이 웃음으로, 증오가 사랑으로, 전쟁이 평화로 바뀌어 모두가 이웃이 되고, 비애와 고통은 영원히 잊히게 될 겁니다. 지금은 이 모든 것이 꿈이고 환상이지만."

태양과 마찬가지로, 달을 마주 보는 곳이나 그 반대편에서는 바닷물이 높게 솟아난다. 내가 서 있는 위치에 따라 달과 태양의 인력이 달라질 때마다 바닷물이 들썩거리면서 해안가에서는 하루에 한두 번씩 밀물과 썰물이 교대로 일어난다. 거기에 바람이 일으킨 파도가 합세하며 해안가로 밀려든다. 해변의 고운 모래톱이나 조약돌에는 오랜 세월 한결같이 씻어내린 파도의 자국이 새겨져 있다. 해변에 물결이 출렁이지 않고 파도가 밀려오지도 않는다면 바다는 어떤 모습일까? 모든 것이 얼어붙어 꿈쩍도 하지 않는 북구의 겨울 바다처럼 죽어 있는 느낌이 들 것이다. 하지만 천체가 회전하며 시시각각 달라지는 인력의 힘이 바다에 생기를 불어넣는다. 게다가 태양은 열기로 대기를 깨워서 바람을 부르고 바람은 다시 파도를 부추긴다. 바다 표면의 작은 미동에도 천체의 오묘한 질서와 힘이 물씬 묻어 있는 것이다. 쉬지 않고 변화하는 바다의 표정을 미국 시인 월트 휘트먼이 기적이라고 읊은 것도 그 안에 담긴 우주의 섭리 때문은 아니었을까.

달과 태양과 지구가 일직선상에 놓이면서 달과 태양의 인력이 합세하면 밀물과 썰물의 크기가 최고에 이르는 사리가 된다. 칼국수 전골을 먹다가 국수를 한 움큼 더 주문할 때 '국수사리 더 달라'고 하는 것처럼 바닷물이 평소보다 많이 들이친다는 데서 유래한 이름이다. 달이 음력으로 한 달에 한 번 지구를 공전하는 동안 두 번의 사리가 온다. 보름에는 달이 태양 반대편에 서고 그믐에는 태양과 같은 쪽에 서서 사리가 된다. 매달 찾아오는 사리라고 해서 다 같은 것은 아니다. 달의 공전궤도는 타원이라서 달이 지구와 가장 가까워질 때 달의 인력도 최대가 된다. 보름달이 떴을 때 달이 지구와 가장 가까운 곳을 지난다면 만조 수위는 최대가 될 것이다.

관광지로 유명한 수상 도시 베네치아에서는 심심찮게 침수 피해가 일어나 사람들이 오가는 광장에 물이 출렁거리는 모습이 언론에 오르내린다. 관광객이야 어쩌다 마주치는 이색적인 경험이라서 대리석 광장에 밀려드는 조수에 찰랑찰랑 물장구를 쳐보기도 하고, 긴 장화를 신고는 고풍스럽고 우아하게 장식된 석조 건물 사이를 걸어보기도 한다. 바닷물이 하수도에 섞이는 것도 문제지만, 현지 주민들은 점점 심해지는 자연의 변덕에 삶의 터전을 잃을까 봐 더욱 걱정이 많을 것이다. 도시가 조금씩 주저앉는 것도 문제지만 저지대인 도심이 밀물 때 쉽게 침수되는 것이 더 큰 문제다. 게다가 발달한 온대저기압이 접근해 오면 아드리아해에서 시로코(sirocco)라는 별칭을 가진 남동풍이 도심을 향해 불어오며 바닷물을 내륙으로 밀어 올린다. 천체에서는 달과 태양이 인력으로 바닷물을 끌어올리고, 대기에서는 온대저기압이 바람의 힘으로 바닷물을 몰고 온다. 하늘과 대기가 서로 연합하여 일사불란하게 해수면을 높이므로 비가 오지 않는데도 도심에 물이 범람하고 순식간에 홍수 상태가 된다.

우리나라에서도 서해안에 인접한 해안가 지방에는 사리 때 바닷물이 상습적으로 넘치는 곳이 있다. 이런 곳은 기상 조건만 맞아떨어지면 바로 침수 피해를 입게 된다. 특히 가을에 맞는 백중사리 때는 해수 온도, 강수, 해류의 영향이 복합적으로 작용하여, 바닷물의 수위가 최대가 된다. 백중(百中)은 음력 7월 15일로 추석을 한 달 앞둔 보름이다. 시기적으로 이십사절기의 한가운데이고 채소와 곡식이 백 가지나 나오는 때이기도 하다. 백중 때는 달이 지구와 가까운 곳을 지나므로 달의 인력이 커진다. 백중사리 때 태풍이 해안가에 상륙하면 이미 높아진 수위에다 강한 맞바람에 치솟은 물 벽까지 가세하여 침수 피해가 커진다. 통상 태풍은 여름과 가을에 우리나라를 많이 찾아온다. 바다는 육지보다 한 박자 늦게 데워지므로 가을에도 강한 태풍이 발달하여 북상하는 것이다. 게다가 가을이 되면 북쪽에서 서서히 남하한 찬 공기가 태풍의 열기와 충돌해 거센 비바람을 만들어낸다. 그야말로 천문과 기상이 혼연일체가 되어 바닷물의 수위가 최고조에 이르는 것이다.

조석은 해와 달의 움직임에 따라 일어나므로 앞으로도 변함없는 강약을 보여주겠지만 기후변화로 해수면이 상승하면 밀물 때 침수 피해가 더 커질 수 있다. 대기와 바다가 점차 따뜻해지면 극지방의 빙하가 녹아 바닷물에 더해지고 수온이 상승한 바닷물이 열팽창하면서 바닷물의 수위는 계속 상승할 것이다. 그뿐만 아니라 해수 온도가 높아지면 증발도 많이 일어나 바다에서 대기로 진입하는 수증기가 증가한다. 온대저기압이나 태풍은 풍부한 수증기를 연료 삼아 더 강한 바람을 불러일으키고 바다에 더 높은 파도를 몰고 와서 이미 높아진 바닷물의 수위를 더욱 끌어올

릴 것이다. 특히 해안가 저지대나 도서 지방에서는 지구온난화로 향후 바닷물의 수위가 얼마나 더 오를지 과학적으로 전망하여, 높아질 파고와 밀물 시의 침수 피해에 더 많이 대비해야 할 것이다.

안개에
───────── 스민
빛

가을밤이 깊어가면서 여기저기 안개가 피어오른다. 구름방울이 첩첩이 쌓인 침침한 수분의 장막을 헤쳐가다 보면 시야가 좁아지고 고립된 느낌에 기분이 가라앉는다. 하지만 어디선가 빛이 비치면 사정이 달라진다. 가로등이나 주변 건물에서 새어나온 불빛이 구름방울에 산란하여 광원 주변으로 은은하게 퍼진다. 구름방울이 저마다 작은 광원이 되어 텅 빈 공간을 빛의 선으로 연결하면 나와 주변 세계의 관계망이 복원되는 듯한 느낌이 든다.

햇빛이 겹겹이 쌓인 구름방울을 지나는 동안 광선의 삼원색이 고르게 시야로 들어오면서 안개가 희게 보인다. 정선의 〈인왕제색도〉는 비가 내린 후에 인왕산 자락을 감싸 안은 안개를 담았다. 늦은 봄, 온대저기압이 비를 뿌리며 지나간다. 이 비가 증발하여 대기 중의 습도가 한껏 높아진 가운데 남풍을 따라 한강 지류를 거쳐 온 온습한 대기의 물길이 인왕산 기슭을 타고 오르며 군데군데 안개가 끼었을 것이다. 방금 내린 비로 먼지가 씻겨 내려가 더욱 깨끗해진 대기 사이로, 산허리를 두른 안개가 햇살에 백옥처럼 하얗게 빛난다. 바람이 산비탈을 따라 힘차게 솟구친다. 빗물과 함께 하늘에서 내려온 증기의 다발과 바람이 끌어온 땅의 기운이 만나는 곳에서는 마치 용이 꿈틀대며 승천하기라도 하는 것 같다.

산업화 초기에 인상파 화가들은 안개 특유의 부연 질감과 안개를 통해 퍼져 나온 빛의 색감에 주목했다. 모네는 다양한 각도의 햇살에 따라 변하는 의사당과 템스강의 안개 낀 풍경을 연작으로 그려냈다. 엷은 안개가 낄 때는 전경이 흐리게 드러날 뿐만 아니라 주변 물체에서 반사된 빛이 안개에 산란하여 평소와는 완전히 다른 색감과 질감을 준다. 이동성고기압이 찾아온 어느 가을 아침, 화가는 여느 때와 마찬가지로 강가에서 캔버스를 펼쳤을 것이다. 밤새 템스강 하구에서 유입된 수증기에 공장 연기가 포개지며 내려앉은 안개 위로 햇살이 비친다. 바닥에서부터 따뜻한 기운이 올라오며 대기가 기지개를 켜자 안개도 사방으로 흩어진다. 아직 걷히지 않은 두터운 안개를 지나오며 살아남은 붉은 빛이 세상을 환하게 비추자 강물 위에는 정중동의 파문이 인다. 안개가 내려앉은 오후 런던의 커피숍에서 모네의 안개 풍경화를 볼 수 있다면 어떨까? 그리고 지루한 일상에서 벗어나 얼그레이 티팟에 바닐라향이 그득한 시럽을 넣은 다음 보드라운 우유 거품을 얹은 런던 포그 라테를 마시는 것이다. 어느새 커피숍에는 보드랍고 촉촉한 분위기가 내려앉을 것이다.

　　이보다 몇 세기 전에 다빈치는 이탈리아 북부 계곡을 따라 흘러든 안개를 여인의 미소 위에 얹었다. 다빈치는 한동안 밀라노에서 지냈다. 주변에 있는 포강 계곡은 북쪽으로는 알프스로 막히고 남서쪽으로는 알펜니노 산맥에 둘러싸인 분지다. 게다가 포강에서 풍부한 수증기가 유입되어, 지형적으로 안개가 자주 끼는 곳이다. 이곳에서 다빈치는 안개와 연무가 낀 자연의 정경을 자주 마주쳤을 것이고, 안개로 달라지는 빛과 시야를 과학자의 눈으로 유심히 관찰했을 것이다.

　　〈모나리자〉를 그릴 무렵에도 종종 대륙고기압이 유럽을 감싸면서 기류가 정체하여 끄물거리는 날씨가 이어졌을 것이다. 대기가 안정한 가운데 먼지가 달라붙은 수증기가 차곡차곡 내려앉아 시야는 흐려지고, 대기 중에서 산란한 햇빛이 전경에 끼어들어 산야에는 어스름한 푸른빛이 감돌았을 것이다. 거장은 인물 뒤쪽의 계곡과 폭포와 들판을 연무가 낀 듯 희미하게 처리했다. 배경이 더욱 멀리 있는 것처럼 그려냄으로써 중앙의 인물이 더욱 도드라져 보이게 했다.

　　사람의 표정은 눈매와 입가 근육의 미세한 움직임에 따라 크게 달라진다. 거장은 스푸마토(sfumato) 기법으로 얼굴에서 특히 표정을 좌우하는 두 부분의 색감과 질감을 은은하면서도 어둡게 처리해 그림을 보는 사람이 여인의 표정을 쉽게 예단할 수 없게 만들었다. 이 기법은 유화물감으로 매우 얇게 수십 회씩 칠을 반복하여 이차원 평면에서 대상의 입체감을 느끼게 해준다. 스푸마토는 이탈리아어로 "연기처럼 사라지다" 또는 "안개 낀"이라는 의미로서 안개나 연무를 통해서나 느낄 법한 전경을 물감으로 구현해낸 것이다.

안개 속에서는 세상이 부옇게 보인다. 흑백의 경계가 모호하다. 곧장 앞으로 나아가고 싶어도 예측이 되지 않아 망설이게 된다. 인생길도 안개가 낀 것처럼 어떤 모습일지 알 수 없을 때가 많다. 때로는 부드럽고 포근하게 느껴지고, 때로는 냉랭하고 어둡고 두렵게 느껴진다.

미래학자 폴 사포(Paul Saffo)는 불확실한 상황에서 벗어나려 하기보다는 껴안으라고 조언한다. 예측대로 굴러가는 시장은 투자할 매력이 없다는 것이다. 불확실성은 위기인 동시에 기회임을 상기하면서도 나에게만큼은 안개가 걷히기를 바라는 건 풀리지 않는 딜레마다.

무난하다는
————— 건

우리는 날씨의 혜택을 많이 받는 나라에 살고 있다. 연중 비나 눈이 적당히 내려주고, 그 사이사이마다 무난한 날씨가 고루 섞여 있다. 장마철만 잘 보내면 비나 눈이 기껏 하루 정도 내리다가 날이 회복된다. 궂은 날씨를 잠시 견디고 나면 한동안 평온한 날씨가 이어지는 자연의 리듬을 즐길 수 있다. 하늘의 표정이 덤덤하고 아무 일도 없는 것처럼 조용히 지나가는 날씨는 당연히 주어진 것, 으레 있는 평범한 것으로 치부하고 만다.

맑은 날에는 괜히 기분이 좋다. 물론 비나 눈이 오거나 흐린 날에도 상황에 따라 나름 색다른 정서를 느끼게 되지만 대체로 우울한 느낌을 피하기는 어렵다. 그런데 구름이 전혀 없는 맑은 하늘을 보기는 그리 쉽지 않다. 설령 티 없이 파란 하늘을 만나더라도 어느새 그 사이로 구름이 지나다니기 일쑤다. 맑은 날에 쾌적함을 느끼기 위해 반드시 하늘이 완전하게 개방되어야 하는 것은 아니다. 구름이 끼더라도 바람이 살랑대고 직사광은 아니라도 하늘이 환할 만큼 구름양이 적거나 구름층이 엷으면 여전히 상쾌하다.

좋은 날씨를 위해서는 햇빛뿐만 아니라 다양한 기상 조건들이 함께 갖추어져야 한다. 기상학적으로만 본다면 구름이 적어 일사가 충만하고, 기온이 적당해 상쾌하고, 낮은 습도에 잔바람이 불어 땀이 잘 빠지고, 먼지 농도가 낮아 대기가 깨끗한 날씨가 상급이다. 이 넷 중 하나라도 빠지면 중급 이하로 봐야 한다. 그런데 씨가 없고 당도가 높고 껍질이 얇고 싱싱한 수박을 찾기 어렵듯이 네 박자를 고루 갖춘 상급의 날씨를 만나기가 그리 쉽지는 않다. 구름이 적고 날이 맑으면 안개나 먼지가 많이 낀다. 기온이 적당하면 습도가 높다. 온도나 습도가 적절하면 하늘에 구름이 많다. 그런가 하면 다른 요소가 모두 좋더라도 바람이 너무 강해 걷기 불편한 날도 있다.

먼저 계절적으로 본다면 봄가을이 아무래도 쾌적한 날이 많다. 여름에는 덥고 습하고, 겨울에는 춥고 건조하다. 이런 날씨에 우리 몸이 적응하려면 힘이 든다. 대신 봄가을에는 평균기온이 우리 체온과 가까워지고, 습도도 적당해서 생활하기가 편하다.

한 계절 안에서도 날씨에 따라 하늘의 상태가 달라지고 기온, 습도, 강수, 바람에도 변화가 생긴다. 그에 따라 좀 더 상쾌한 날이 있는가 하면 좀 더 찝찝한 날도 있다. 우선 온대저기압이 한반도를 통과하면 날이 흐리고 비가 내린다. 이에 따라 야외 활동이 위축되고 실내에서도 습도가 높고 조도가 낮아 우울해진다. 그래서 일단 저기압 대신 고기압의 영향을 받는 때가 좋은 날이 될 확률이 높다.

뭐니 뭐니 해도 가장 좋은 날은 저기압의 영향에서 막 벗어나서 하늘이 개고 그 뒤를 따라 이동성고기압이 접근해 올 때다. 상층에서는 한기의 중심이 한반도 동쪽을 지나면서 연직으로 두텁게 찬 공기가 남하하는 경우 더욱 청명한 하늘을 기대할 수 있다. 북풍이 일시적으로 깨끗한 공기를 끌어오거나 북동풍이 동해상에 맑은 공기를 들여오면서 먼지 농도가 낮아진다. 북쪽에서 서늘한 기운이 들어오는 가운데 맑은 하늘에서 일사가 내리쬐고 땅에서 따스한 기운이 올라온다. 마치 한겨울에 따뜻한 온돌 구들장에 누워서 찬 기운이 퍼져 있는 실내 웃풍을 맞으며 오묘한 온도의 조화를 느끼는 기분이다. 게다가 고기압권의 약한 바람은 얼굴을 살랑살랑 간지럽히며 따분한 햇살에 조그만 긴장감을 준다. 막 갠 하늘에는 여전히 구름이 많지만 지면으로 내려온 서늘한 공기와 햇빛에 덥혀진 지면 사이에서 대기가 불안정해진 탓에 구름은 이내 조각조각 나고 그 사이로 하늘의 파란색이 더욱 선명하게 드러난다. 이런 날이 아마 일 년 중 최고의 날씨일 것이다.

시간이 지나면 이동성고기압의 중심이 우리 땅을 차지한다. 한낮에는 여전히 맑고 파란 하늘이지만, 아침에는 기온이 크게 떨어지며 안개가 끼는 경우가 많다. 그런가 하면 대기가 안정해서 주변의 오염물질이 쉬이 달아나지 못하고 먼지 농도가 높아지는 것도 마이너스 포인트다. 그래도 이런 정도라면 중상급으로 봐줄 수 있다. 좀 더 시간이 흐르면 고기압이 물러가는 끝자락에 남풍이 조금씩 들어온다. 대기는 정체하는 데다가 남쪽에서 따뜻하고 습한 공기가 유입되면서 한때 차고 신선했던 공기는 점차 후덥지근하게 변질된다. 대기 중에 수증기가 늘면서 하늘은 뽀얗게 엷은 하늘빛을 띠고, 구름도 점차 많아진다. 이제는 해를 등지면 칙칙한 모습마저 눈에 띈다. 늦봄이나 초가을에 이런 상황이 닥치면 후덥지근하고 답답한 느낌이 든다. 중하급의 날씨다.

제철에 맞는 옷을 입고 있다면 여름이나 겨울에도 좋은 날씨가 제법 있다. 겨울에는 찬 공기가 자주 내려와 대기가 안정하므로 먼지 농도가 관건이다. 하지만 온대저기압이 막 통과한 후에는 북서풍이 강하게 밀고 내려와 일시적으로 먼지를 내보낸다. 이때 추위만 견딜 수 있다면 습도, 먼지 농도, 하늘 상태 모두 양호한 쾌적한 날씨를 즐길 수 있다. 게다가 북동풍이 불어오는 날이면 동해의 깨끗한 공기가 한동안 들어와 더없이 맑은 하늘을 즐길 수 있을 것이다.

여름에 맑은 날이란 북태평양고기압이 우리나라를 덮고 있을 때다. 하늘은 좋지만 밤에는 열대야, 낮에는 불볕더위가 계속되는 만큼 기온과 습도가 모두 높고 불쾌지수도 덩달아 오른다. 대기가 불안정해 먼지 농도는 떨어진다는 것이 조금 위안이 되어준다. 하지만 이런 때라도 열섬이 된 도심을 피해 그늘진 계곡물에 발을 담그거나 바닷가에서 해수욕을 한다면 그런대로 맑은 날의 혜택을 볼 수 있을 것이다.

　가을이 가까워지면 북서쪽에서 서늘한 공기가 강하게 내려온다. 일시적으로 습도가 낮아지고 기온도 조금 떨어지면서 여름 내내 우리를 괴롭히던 무더위에서 잠시 벗어날 수 있다. 하지만 소나기가 복병이다. 낮에 햇빛을 많이 받으면 아침에 맑았던 하늘이 순식간에 먹구름으로 뒤덮이고 강한 폭풍우를 쏟아낸다.

　날씨가 좋은 날은 모든 것이 평탄하게 흘러가서 일기예보도 쉬워 보이지만 사실은 전혀 그렇지 않다. 평탄하게 살아가는 사람도 얘기를 들어보면 곡절이 있고 남모를 애환이 있듯이 평탄한 날씨에도 예민하게 반응하는 사람들이 있어, 이들을 위한 예보는 여전히 도전적이고 어렵다. 이동성고기압이 한반도에 자리 잡으면서 대체로 무난한 날씨가 예상될 때에도 어떤 이들은 안개나 산불이나 불볕더위로 힘든 시간을 보낸다. 사실 무난한 날씨라는 표현은 일상적으로 무난한 하루를 보내는 이들에게나 해당하는 것일 뿐이다.

　고기압의 한가운데 들어서면 바람이 약해 기류가 정체한다. 그러면 주변의 오염물질이 쌓여 먼지 농도가 높아지거나 안개가 낀다. 때마침 강이나 호수에서 증발한 수증기가 모여 있다면 안개가 끼어 시야를 가리게 된다. 그게 아니라도 바다에서 증발한 다량의 수증기가 해풍을 타고 내륙으로 들어온다면 구름인지 안개인지 구별이 안 될 만큼 하늘이 안개로 자욱해진다. 아침에 도

보로 출근길에 나선 이에게 안개가 무슨 상관이겠는가. 하지만 같은 시각 공항에서는 시정이 악화되어 여객기의 이륙이 지연되고 대기 중인 승객이 북새통을 이룬다. 항구의 상황도 마찬가지다. 뭍에 나온 섬마을 주민들은 언제 뱃길이 열려 집으로 돌아갈 수 있을지 초조한 마음으로 마냥 기다린다. 공군 비행장에서는 훈련 중인 전투기가 목표 지점에 내리지 못하고 대체 공항을 찾아 나서며 관제탑에도 비상이 걸린다. 서해대교에서는 미처 안전거리를 확보하지 못한 탓에 다중 충돌 사고가 이어지며 양방향 도로가 꽉 막힌다.

수증기건 먼지건 간에 통상 맑은 날에 몰려와서 문제. 흐린 날에는 비나 눈이 내려서 기분을 가라앉게 하고, 맑은 날에는 수시로 먼지가 불청객처럼 찾아온다. 늦가을이나 겨울철에 고압권이 세력을 뻗치며 무난한 날씨가 보장되는 때에는 하늘이 뿌옇고 탁하다. 주변에서 배출된 미세먼지가 위로 확산하지 못하고 계속 쌓이면서 먼지 농도가 높아진 탓이다. 그게 아니라면 북서풍을 타고 이웃나라에서 오염 먼지가 유입된다. 지자체마다 주변 산업 시설의 먼지 배출량을 통제하고 주민에게는 가급적 외출을 자제하라는 문자메시지를 계속 날리느라 바쁘다.

겨우내 강수량이 적은 탓에 봄철에는 토양의 수분이 많이 달아난 상태다. 거기에 한반도를 가운데 두고 동서로 고압대가 한동안 뻗쳐 있을 때는 주변에서 수증기가 들어오기도 어렵고 비도 오지 않아 대기는 더욱 건조해진다. 이런 때 바람이 강하게 불면 여기저기 산불이 난다. 원인은 다양하지만, 산과 들에 땔감이 널려 있고 바람이 불길을 부추기며 산불을 계속 키우는 게 문제다. 날은 따갑고 햇살은 쨍해서 고양이가 졸고 아지랑이가 피어오르는 도심의 풍경과는 달리 다른 곳에서는 헬기가 쉴 새 없이 물을 공중에서 분사하며 화마와의 전쟁을 치르는 것이다.

한편 장마철이 지나면 북태평양고기압이 한반도를 감싸고 연일 수은주가 30도를 넘나드는 불볕더위가 이어진다. 밤에도 열기가 식지 않는 열대야도 이어진다. 낮과 밤의 기온 차가 10도가 되지 않는, 정상적인 기온 일변화가 반복되는 얼핏 단조로운 날씨의 연속이다. 하지만 전력거래소와 주무 부처는 초비상이다. 더위로 가정이나 사무실마다 에어컨이나 선풍기를 틀어대면서 전력 수요가 계속 증가하는 탓이다. 낮 최고 기온이 1도 상승할 때마다 100메가와트(MW)만큼 전력을 더 생산해야 한다. 기온 예보에서 최고 기온이 1도 이상 벗어나는 경우는 흔하다. 하지만 무더위에는 전력 수요에 대응하기 위해 분 단위로 기온 동향을 감시하고 1도의 오차 범위 안에서 기온의 추이를 예측해야 한다. 관련 전문가들에게는 피가 마르는 시간이다.

자연이 평온한 시간을 보장해준다 해도 사람이 이를 외면하는 때도 있다. 날씨는 맑고 바람은 약해도 갑자기 주변 국가에서 핵실험을 하면 날씨가 안겨준 평화의 시간도 깨진다. 어디서 얼마만큼의 규모로 핵물질이 터진 것인지를 파악하려면 바람 길을 따라 미세한 방사능 입자의 흔적을 탐지해야 한다. 고성능 탐지기를 장착한 특수 항공기가 동해를 향해 발진한다. 예보 부서는 다시 부산하게 바람 길의 지도를 만들고 시간을 되감고는 얼마 전에 대기 중으로 빨려간 오염 입자들이 현재 어디쯤 가 있을까를 분석해야 한다.

　　이런 일을 겪고 나면 좋거나 나쁜 날씨가 없고, 특별히 무난하거나 평이한 날씨도 없다는 것을 새삼 깨닫게 된다. 상황에 따라 날씨의 표정이 달라지고 날씨로 인한 나의 기분도 달라지기 때문이다. 내가 평이한 날씨의 혜택을 누리는 동안 누군가는 바로 그 날씨로 힘든 시간을 보낼지도 모른다. 그래서 날씨는 자연적인 동시에 사회적인 현상이라고 말한다면 지나친 비약일까?

구름의
─────── 음악

　구름에 따라 하루의 표정이 달라진다. 맑은 날 하면 파란 하늘을 떠올리지만 막상 하늘에 구름 한 점 없다면 얼마나 단조로울까. 흐린 날에는 으레 구름이 꽉 들어찬 잿빛 하늘을 쳐다보고 싶지도 않지만 조금 벌어진 구름 틈새로 햇살이 내려올 때는 또 얼마나 가슴이 벅차올랐던가. 우리도 모르는 새 하늘은 순간순간 모습이 달라진다. 파란 하늘도 태양의 궤적에 따라 색의 농염이 달라진다. 뭐니 뭐니 해도 하늘의 인상을 좌우하는 건 파란 배경 사이로 흐르는 구름이다.

　구름이란 대기 중의 작은 물방울이 한데 모여 있는 것에 지나지 않는다. 비행기를 타고 가다 구름으로 들어가면 느낌이 묘하다. 그곳에는 희미한 연기 같은 것이 있을 뿐 형체도 질감도 없다. 마치 바다 속을 떠도는 해파리처럼 구름도 대기의 바다에서 투명하게 춤을 추는 것 같다. 하지만 지상에서 올려다볼 때는 느낌이 180도 달라진다. 구름방울 하나하나가 햇빛을 차단하거나 사방으로 빛을 반사시킨다. 이 산란광이 우리 눈에 들어오면 완전히 새로운 질감과 형체로 드러나게 된다. 가벼운 구름방울들이 땅의 열기로 솟아나거나 바람에 이리저리 비틀리며 만들어낸 다양한 형상들은 사람들의 상상력을 자극한다. 구름감상동호회(The Cloud Appreciation Society) 홈페이지에는 세계 각지에서 카메라에 담은 순간의 구름 사진이 널려 있다. 어떤 이는 구름에서 사랑의 표시를 읽고, 다른 이는 천사의 날갯짓을 본다.

벨벳을 드리운 듯 넓게 퍼진 구름은 차분한 기분이 들게 한다. 구름층이 두텁지 않아 간접 조명처럼 햇빛이 은은하게 스며 나온다. 남풍이 불어와 온대저기압의 접근을 알릴 때 이런 구름이 흔하게 나타난다. 따뜻한 공기가 다량의 수증기를 머금고 들어오며 대기는 이내 촉촉해진다. 바람은 약하게 살랑이고 공기도 그리 차지 않아 우리 몸도 크게 긴장하지 않는다. 다만 햇빛이 줄어든 만큼 기분이 조금 가라앉을 뿐이다. 봄철이라면 그간 말라 있던 대지는 기지개를 켤 준비를 하고 비를 기다린다. 꽃봉오리도 때를 기다리며 부산하게 몸단장을 한다. 당장 날아오르려는 학처럼 정중동의 모습이다. 가을철이라면 곧 비가 쏟아질 것처럼 잿빛으로 물든 하늘과 발아래에서 피어오른 엷은 안개가 만나 희미해진 배경 사이로, 단풍은 색색으로 물들고 바닥에 쌓인 낙엽은 우리를 풍요로운 사색의 세계로 이끈다. 이런 날에 어떤 이는 옛 추억을 떠올리며 우수에 잠길지도 모른다. 겨울이라면 이불을 두른 듯 하늘을 메운 구름 사이로 남풍이 불어오며 한파가 잠시 누그러지고 사람들은 부산하게 오간다. 아이들은 금방이라도 쏟아질 함박눈을 기다린다.

반면 여름에는 옆으로 넓게 퍼진 구름을 보기가 쉽지 않다. 판판한 구름이 보이다가도 금세 솟아난 구름이 여기저기 끼어든다. 땅에 열기가 넘치고 대기는 불안정해서 구름이 사뿐하게 대지를 감싸도록 놔두지 않는다. 대신 햇볕에 뜨겁게 달궈진 땅 위에서 여기저기 작은 열 기둥이 버섯처럼 피어오른다. 열 기둥 안의 수증기가 응결하는 곳마다 뭉게구름이 인다. 파란 하늘에 뭉게구름은 한가로이 떠 있고 한줄기 산들바람이 지나간다. 강아지는 시원한 바위에 올라앉아 졸고 있는 평화로운 시간이다. 그러다 강해진 남풍이 바다의 수증기를 한껏 빨아들이면 뭉게구름은 더욱 높게 자란다. 구름 사이의 빈 공간을 판판한 구름이 마저 채우게 되면 하늘이 어두워지면서 뭉게구름도 키가 큰 웅대구름으로 둔갑한다. 이내 장맛비가 쏟아진다.

봄이나 가을철에는 북서쪽에서 상층의 찬 공기가 우리나라로 남하해 오므로 지면이 햇빛을 받으면 대기가 빠르게 불안정해진다. 파란 하늘에 소나기구름이 높게 솟고 이내 굵직한 빗방울이 떨어지며 사방에서 방향을 알 수 없는 돌풍이 밀려온다. 번개가 치고 연이어 천둥소리가 대지를 진동한다. 때로는 쌀알보다 굵은 우박이 우두둑 쏟아진다. 우산 없는 행인들은 부산하게 처마 밑으로 달려가고, 고추를 말리던 아낙네는 황급히 돗자리를 말아 넣느라 정신이 없다.

구름 중에서 가을 하늘 높이 뜬 새털구름은 반달 모양의 원호를 그리며 파란 하늘에서 하얗게 반짝인다. 마치 새들이 경쾌하게 가지에서 가지로 뛰어다니는 것 같기도 하고, 학이 가볍게 이리저리 날갯짓하는 것 같기도 하다. 덩달아 기분이 좋아진다. 어린 콩나물처럼 매달린 가는 구름 띠에는 얼음 결정이 들어 있다. 이것이 햇살에 반짝이며 더욱 정결한 느낌을 준다.

아마도 구름 중에서 가장 기묘하고 불편한 구름은 장맛비가 내리다가 잠시 주춤했을 때 낮은 하늘을 쏜살같이 지나가는 검은 구름 파편들일 것이다. 대기는 이미 수증기로 가득 차 있어서 낮은 구름 밑으로 빗방울이 떨어지면 이내 증발하여 지면 가까이에 또 다른 구름 조각이 생겨난다. 구름층의 고도가 매우 낮아 더욱 가깝게 보이는 데다가 이미 잔뜩 흐려진 어두운 하늘 아래 낮게 뜬 구름 조각들은 매우 어둡고 음산한 색채를 띤다. 대개는 하층에서 남서풍이 강하게 불어올 때라서 이 구름 조각들은 바다의 수증기를 잔뜩 머금은 채 대기의 물길을 따라 빠르게 흐른다. 영화에서 시간의 흐름을 암시하기 위해 빠른 속도로 구름 영상을 돌려대듯이 구름 조각의 질주는 위협적인 인상마저 준다. 사방이 강한 바람에 흔들리고 공기는 끈끈한 데다가 후덥지근하기만 하다. 파마한 머리를 풀어놓듯 바람이 이리저리 구름의 윤곽을 흩뜨리면서 구름의 인상은 더욱 을씨년스럽다. 한밤중에 이런 장면과 맞닥뜨리면 조금은 으스스한 기분마저 들 것이다.

구름은 바람에 따라 옮겨 다니고 모양이 수시로 달라지므로 바람의 대변자다. 바람은 눈에 보이지 않지만, 예민한 관찰자는 구름을 통해 바람의 흔적을 본다. 뭉게구름이나 소나기구름에서 솟아오르는 바람의 열기를 보고, 넓게 옆으로 퍼진 구름에서는 잠자는 바람을 본다. 그런가 하면 키 큰 구름의 모양이 일그러지는 모습을 보고는 상층의 바람과 하층의 바람이 서로 다른 방향으로 엇갈려 분다는 것도 알아차린다. 고공의 기상위성은 분단위로 지상을 내려다보며 구름을 관측한다. 매번 달라지는 구름의 위치나 모양을 보고, 대기 중 바람의 풍향과 풍속을 알 수 있다.

대기의 상태와 움직임에 따라 구름의 형태와 모양이 달라지듯이 거꾸로 구름만 잘 관찰해도 일기를 대강 파악할 수 있다. 그래서 예보관들은 일기도에서 맨 먼저 구름 기호부터 읽는다. 일기도에는 다양한 구름 기호가 쓰여 있다. 이것들은 마치 이집트 상형문자같이 생겼다. 뒤집힌 U자는 구름이 솟아나는 모양으로, 뭉게구름을 나타낸다. 옆으로 긴 줄은 구름이 옆으로 퍼지는 모양으로, 비단구름같이 평평한 구름을 나타낸다. 한자를 쓰듯이 펜으로 그린 두세 획이면 27종의 구름을 구분해낼 수 있다.

구름을 체계적으로 분류하려는 시도는 그림에서 출발했다. 구름은 햇빛의 각도에 따라 색깔과 질감이 달라질 뿐만 아니라 바람에 따라 수시로 형태가 변하므로, 한번 봐두었던 인상이 사라지기 전에 빠른 속도로 그려내야만 한다. 루크 하워드(Luke

Howard)는 런던 주변에서 수십 년간 하늘을 쳐다보며 구름을 스케치하고 수채화로 담아냈다. 일부를 엄선하여 1803년 에세이 《구름의 종류에 관하여(On the Modifications of Clouds)》를 펴냈다. 구름의 전경에는 목장 울타리 같은 일상 속의 소재를 함께 그렸다. 성곽이나 들판을 그림에서 구별할 수 있듯이 구름도 유형별로 쉽게 구분할 수 있다는 암시였다. 주석을 달아 구름의 특징을 상세하게 설명한 건 과학이었지만, 그림에는 여전히 자연의 아름다움이 배어 있었다.

　　구름을 분류하는 방식은 학자마다 다를 수 있었지만, 당시 유럽 사회는 그림을 통한 과학의 소통 방식에 큰 호응을 보인 것 같다. 목동의 뒷모습을 배경으로 멀리 지평선까지 드리운 양떼구름에는 한가로움이 담겨 있다. 아이를 안고 웅크린 여인의 뒤로 번개의 섬광과 함께 높이 솟은 먹구름에는 격정과 근심이 가득하다. 순간 포착에 뛰어난 사진기가 발명된 후에도 구름 책자에 풍경화와 사진을 나란히 배치하는 관행은 19세기 내내 이어졌다. 괴테가 구름 에세이를 칭송하는 시를 쓰면서 하워드는 유명세를 탔고 그가 제안했던 구름 분류 뼈대는 지금까지 살아남았다.

　　서양 사람들이 식물 종을 세분하듯이 구름을 요리조리 뜯어보고 해부하느라 요란했던 시기에, 우리 선조들은 시공의 경계를 초월한 듯 산수와 조화를 이루는 평평한 구름이나 안개를 주로 그려냈다. 하늘에 닿을 듯 거친 소나기구름도 높이 나는 매의 눈으로 바라보면 한갓 작은 언덕에 지나지 않을 것이다. 사나운 폭풍우도 일시적일 뿐이고 머지않아 수증기로 분해되어 여백으로 가득한 허공으로 되돌아갈 것이다.

하늘의 상태는 오감으로 느껴야 하는 만큼 사람의 손길이 필요한 관측의 영역이지만 이제는 기상위성이 내려다본 구름 영상을 받아볼 수 있게 되었다. 하지만 일기도에서 구름 기호가 하나둘 사라져가는 것은 아쉬움으로 남는다. 도심의 바쁜 일과 중에 눈앞의 숙제나 걱정에 쪼들리다 보면 하늘을 쳐다볼 여유가 없다. 하지만 그 순간에도 하늘에는 프레임에 갇힌 풍경이나 아이맥스 영화와는 비견할 수 없는 파노라마가 펼쳐진다. 자연이 주는 소소한 즐거움은 늘 우리 곁에 있다.

햇빛의
드라마

태양은 공평하게 사방으로 빛을 내보내지만 땅이 받는 일사량은 지역마다 다르다. 지구가 둥글게 생긴 탓이다. 적도 지역은 햇빛의 부국이고 극지는 햇빛의 빈국이다. 한쪽은 쌓여가는 부를 지키고자 하고 다른 쪽은 부족한 부를 빼앗아 오기를 꾀한다. 그 사이에 첨예한 대치 전선이 펼쳐진다. 전선은 남북으로 오르락내리락하면서 그 한가운데에서 국지전이 일어난다. 눈이나 비가 내리고 바람이 잦아들면 전선은 다시 소강상태로 접어든다. 전선이 곳곳에 남겨둔 생채기는 이 땅의 곳곳에 고루 에너지를 나누어주기 위해 햇빛이 연출한 날씨의 드라마일 뿐이다.

미국 남북전쟁 당시 양측 모두 인명 피해가 심해졌을 때 마침 하늘에서 내린 비를 예민하게 지켜본 사람들이 있었다. 가뭄이 들었을 때도 하늘에 폭탄을 터트려서 전쟁 분위기를 돋우면 비를 오게 할 수 있다고 믿었다. 중국 산시성에서는 우박이 복숭아 재배지를 망치지 않도록 비구름을 향해 수십 문의 박격포를 쏴서 효험을 봤다는 현지 관계자의 얘기가 들려오기도 한다. 이런 시도가 과학적으로 신빙성이 있는지는 논외로 하더라도 날씨와 전쟁 사이에 감도는 묘한 알레고리까지 외면하기는 어렵다.

모형 지형도 위에 포격부대나 기병대를 비롯한 군단을 마음대로 배치해보고 상대의 전술을 가상의 공간에서 시험해보는 방식은 19세기 중반 독일에서 시작되어 유럽 전역으로 빠르게 보급되었다. 대치하는 군단을 홍군과 청군으로 표시하고 양측 군단이 대치하는 곳마다 기다란 전선을 갖다 놓았다. 직접 전장에 나가 상황을 살피는 것은 현장감을 더해주기는 하지만 그렇다고 모든 전황을 꿰뚫어 보기는 어렵다. 대신 모형은 현실과 유리되어 있기는 하지만 전황을 전체적으로 통찰하고 다양한 국면에 유연하게 대처할 힘을 길러준다.

비슷한 시기에 날씨의 전황도 본격적으로 일기도 위에 표기되기 시작했다. 고기압권은 대기 군단을 대표한다. 공기가 많이 압축되어 밀도가 높은 것이 병사를 끌어모아 군사력을 집중한 것과 닮은꼴이다. 고기압은 압력이 높고 넓은 영역에 펼쳐져 있을수록 대기 군단의 세력도 강하다. 차가운 고기압 군단은 청군이고 따뜻한 고기압 군단은 홍군이다. 양측이 대치하는 곳에 기압골이 패이고, 첨예하게 힘을 겨루는 곳에서는 전선이 힘의 우열에 따라 밀고 밀린다. 전선이 이동하는 방향은 화살표 모양의 꺾쇠로 나타낸다. 차가운 고기압 군단이 강하게 밀고 내려오는 곳은 전선을 파란색으로 표기하고, 따뜻한 고기압 군단이 세게 밀고 올라가는 곳은 전선을 빨간색으로 표기한다. 전쟁 모형에 쓰던 군단과 전선의 표기 방식을 일기도 분석에 차용한 것이다.

일기도에 등장하는 한반도 주변의 기압 배치는 선조들이 겪은 전란의 역사만큼이나 주변 세력 간 치열한 대결의 연속이다. 겨울이 오면 차가운 시베리아고기압 군단의 세력이 남하한다. 위축된 남풍이 일시적으로 반격을 가해 따뜻한 공기를 북쪽으로 뿜어내면 남과 북의 교전이 벌어지고 폭설이 내린다. 북방의 거란이나 여진족은 말들이 살찌고 압록강이 얼어붙은 겨울에 북풍의 한기와 함께 기습적으로 한양까지 밀고 내려왔다. 마치 시베리아고기압이 확장하듯이. 반면 여름이 되면 덥고 습한 북태평양고기압 군단이 한반도를 향해 전선을 북상시킨다. 북진하다가 차가운 고기압과 만나면 전선대에는 또다시 전운이 감돌고 장맛비가 내린다. 임진왜란 때는 일본 열도까지 북상한 장마전선을 따라 왜적이 남해안으로 침입해 왔다. 한국전쟁 때는 낙동강에서 압록강까지 전선이 오르락내리락했다.

열대와 극지 사이의 중위도 지역은 동서를 막론하고 살기 좋은 온대기후를 갖고 있지만 늘 햇빛이 일으킨 풍파의 중심권에 놓여 있다. 우리나라는 온대기후권 중에서도 유별나다. 겨울에는 편서풍이 티베트고원의 북쪽을 돌아 한반도로 내려오면서 시베리아기단을 함께 끌고 오므로 차고 건조한 칼바람이 뼛속까지 스며든다. 반면 여름에는 티베트고원으로 향하는 기류가 바다의 수증기를 끌어오면서 북태평양기단이 한반도로 확장한다. 그러면 비가 많고 습도가 높은 푹푹 찌는 무더운 날씨가 이어진다. 오죽했으면 한국전쟁 중에 외국 전문가가 한국이 기상학적으로는 고요한 아침의 나라가 아니라고 말했을까.

　　미국 샌프란시스코 같은 서부 해안가 도시나 튀르키예의 앙카라를 비롯한 지중해 도시는 한반도와 같은 중위도권에 속해 있음에도 우리나라와는 다르게 여름이 건조하다. 그래서 이 도시들은 한여름 태양 아래에서도 그리 덥지 않다는 느낌을 준다. 습도가 낮으면 땀을 통해 금방 체내의 열이 빠져나간다. 해수욕을 즐기다 뭍으로 나오거나 그늘 속으로 들어가면 금방 서늘하게 느끼는 것도 같은 이유다. 한편 겨울철에는 해풍이 불어와 추위가 그리 심하지 않고 대신 비가 자주 내린다.

　　같은 중위도권인데도 이처럼 여름과 겨울의 기후가 도시별로 다른 이유는 바다 위의 고기압 때문이다. 여름에는 따가운 햇볕에 육지가 바다보다 빠르게 더워진다. 육지에서 상승한 공기가 바다에서 하강하고 대양의 한가운데에는 고기압이 발달한다. 북태평양고기압의 서쪽에 위치한 우리나라의 경우 남동풍이 끌어올린 더운 공기의 영향을 받지만, 북태평양고기압의 동쪽에 위치한 샌프란시스코의 경우 북서풍이 끌어내린 서늘한 공기의 영향을 받는다. 게다가 바다 위의 공기는 기온이 높을수록 수증기도 많이 함유하기 때문에 여름철 우리나라에는 수증기를 잔뜩 머금은 더운 공기가 몰려와 무더운 날씨에 장맛비를 뿌린다. 반면 샌프란시스코의 경우 해풍이 불더라도 서늘한 공기 탓에 대기 중의 수증기 양이 상대적으로 적어 불쾌지수도 낮고 강수량도 적은 편이다. 지중해 지방은 북태평양고기압 대신 북대서양고기압의 영향을 받는다. 북대서양고기압의 동쪽에는 북서풍이 불어와 유럽 내륙의 건조한 공기를 끌어들이므로 여름에 지중해 도시들은 샌프란시스코처럼 습도가 낮은 더위가 찾아오고 강수량도 적다. 바닷가에서 피서를 즐기기 안성맞춤인 이유다.

한편 겨울이 되면 일사량이 줄어들면서 육지가 바다보다 빨리 식는다. 이번에는 바다에서 상승한 공기가 육지에서 하강한다. 대륙에는 고기압이 발달하고 바다에는 저기압이 형성된다. 아시아 대륙의 동쪽 끝에 있는 우리나라는 겨울이면 시베리아고기압의 영향으로 대륙의 차고 건조한 공기가 유입한다. 반면 샌프란시스코는 북태평양 고위도에 놓인 알류샨저기압의 영향으로 남서풍이 불고 추적추적 비가 오는 겨울 날씨를 보인다. 지중해 도시들은 북대서양의 아이슬란드저기압의 영향으로 서풍을 타고 온화한 바다의 해풍이 들어온다. 그 덕분에 기온도 영상에 머무르고 비가 자주 오는 날씨를 보인다.

한반도에서는 계절에 따라 극단적 특성의 대륙성기단과 해양성기단이 교차되는 만큼, 두 세력이 뒤바뀌는 환절기에는 수시로 전선대에서 온대저기압이 발달하여 거센 폭풍우가 인다.

봄철에는 중국 화난 지방에서 덥혀진 열기가 전선에 불쏘시개가 된다. 종종 이곳에서 발생한 온대저기압이 편서풍을 타고 한반도로 들어오면서 점차 발달한다. 고양이가 졸린 눈으로 살금 살금 거닐고 한길에는 아지랑이가 피어나는 나른한 오후, 이내 사방이 어두워지고 촉촉이 봄비가 내린다. 금방 날이 개는가 싶더니 다시 돌풍이 불고 꽃샘추위가 몰려온다.

　가을에는 중국 북부나 몽골에서부터 식어가는 대지가 다시 전선을 자극한다. 때로 편서풍을 타고 상층의 한기가 한반도로 남하하면 소나기구름이 강하게 발달한다. 한낮의 태양은 여전히 뜨겁고 그 위에는 찬 공기가 포진하여 대기가 불안정해진 탓이다. 고지대에는 우박이 내리고 소나기와 함께 찬 공기가 낙하하며 여기저기 강한 돌풍이 인다. 수확기를 앞둔 농작물이 피해를 보기도 한다.

　폭풍의 한가운데에서는 거센 바람에 얼굴을 들기조차 어렵고 눈앞은 캄캄하다. 뮤지컬 〈회전목마(Carousel)〉에서 네티는 사랑하는 남편을 잃고 상심하는 줄리를 위로하며, 〈당신은 절대 혼자 걷는 게 아니에요(You'll Never Walk Alone)〉를 불러준다. "……폭풍우 속을 헤맬지라도 어둠을 두려워하지 말고 담대하게 맞서 걸어요. 폭풍우의 끝자락에 가면 종달새가 달콤하게 은빛 노래를 들려주리니." 갑자기 불행이 덮치더라도 희망을 버리지 않고 고개를 들고 전진한다면 도움의 손길도 자연히 뒤따라올 것이다. 어두운 터널도 끝이 있듯이 폭풍이 지나간 후에는 하늘이 다시 열리고 햇살이 비친다.

4부

밤과 꿈에
빠져드는
겨울

사막
만들기

겨울철이 되면 피부 관리에 관심이 커진다. 대기가 건조해지면서 피부에 트러블이 생기기 때문이다. 뮤지컬 영화 〈미녀와 야수〉에서 청순한 시골 처녀가 험상궂은 야수 앞에 섰을 때 장미는 시들어 꽃잎 한 장만이 남았다. 물론 꽃잎이 시드는 것은 노화에 따른 생리적인 현상이다. 하지만 외관상 잎의 수분이 줄어들고 표피가 쭈글쭈글해지는 것이 노화의 결과가 아닌 원인처럼 보이기도 한다. 뜨겁게 데쳐낸 동죽조개의 속살도 처음에는 탱글탱글하지만 이내 수분이 빠지면서 쪼그라든다. 대기가 수분을 빼앗아 가면서 멋과 맛을 함께 가져가 버리는 것이다.

뭐든 한데 몰려 있는 것을 흩트리는 것이 자연이 보여주는 엔트로피의 법칙이다. 수증기도 예외가 아니다. 축축한 곳에서 증발한 수증기는 틈만 나면 건조한 곳으로 달아난다. 습한 여름철 집 안에 들어찬 수증기는 차가운 컵 주변에 몰려들어 흥건히 물방울을 만들어낸다. 그런가 하면 겨울철 실내에서 화분에 물을 주면 여기서 증발한 수분이 집 안 어디론가 날아가고, 창틈이나 문틈을 통해 바깥으로 달아난다. 시간이 흐르면 수증기는 바람을 타고 도심을 지나고 산과 들을 거쳐서 머나먼 땅으로 날아갈 것이다.

그렇다면 수증기가 가장 적은 곳은 어디일까? 사람의 손이 닿지 않는 차디찬 우주다. 별과 별 사이의 우주 공간은 물질이 거의 없는 텅 빈 곳이다. 지구의 대기는 중력으로 지구 표면에 달라붙어 있다. 대기 중에서 가벼운 기체일수록 좀 더 외계로 뻗어나가 지표면에서 수천 킬로미터 떨어진 곳에서 우주와의 경계를 형성한다. 이 지점부터는 수증기가 전혀 없는 가장 건조한 곳이다. 설령 수증기를 이곳에 가져다 놓는다고 해도 워낙 낮은 기온 탓에 모두 얼음이 되어 습도는 여전히 0퍼센트다. 밤하늘에 보이는 혜성의 꼬리는 대부분 얼음으로 구성되어 있지만 그 주변에서 수증기를 찾아보기는 어렵다.

세계적인 갑부가 아니라면 우주정거장에 가볼 방법은 없다. 그래도 우주 공간과 같은 극강의 건조 상태를 느껴볼 방법이 전혀 없는 것은 아니다. 비행기가 지상에서 10킬로미터 이상 높아진 순항고도에 이르면 우주와 유사한 건조 상태를 체험해볼 수 있다. 비행기를 타고 몇 시간씩 태평양을 가로지르다 보면 피부가 땅기는 느낌을 받게 된다. 식사 전에 나눠주는 따뜻한 물수건을 얼굴에 갖다 대는 순간 따가운 느낌마저 든다. 그런가 하면 눈꺼풀도 빡빡해지고 눈동자도 시리다. 피부가 여기저기 가려워서 몸을 뒤척이며 긁어댄다. 목구멍도 따갑다. 숨을 쉬는데도 뭔가 목젖에 걸린 것처럼 쉰 소리가 난다. 탑승 시에 감기 기운이라도 있었다면 몸 상태가 좀처럼 나아지지 않는다. 달걀 모양의 창문에서 찬 공기가 들어오는 느낌도 든다. 사실 창에는 미세한 구멍이 뚫려 있어서 차가운 외기가 조금씩 실내에 섞여든다. 그렇게 바깥의 건조한 공기가 내부의 공기와 섞이면서 실내 습도가 사막보다도 낮아진 것이다. 그래서 비행 도중 수시로 수분 스프레이를 얼굴에 뿌리고 물을 자주 마셔서 잃어버린 수분을 보충해야 한다.

건조한 공기 하면 가장 먼저 떠오르는 게 빨래다. 깨끗이 빤 옷가지나 이불보는 빨랫줄에 넓게 펴놓아야 잘 마른다. 수분을 머금은 빨랫감의 표면적을 넓힐수록 더 빨리 마른다. 물론 주변 공기가 건조할 때의 얘기다. 보통 상대습도는 빗물이 떨어지는 곳이 아니라면 웬만해서는 100퍼센트에 이르기 어렵다. 비 오는 날 빨래를 널면 잘 마르지 않는다. 주변 공기가 빨랫감과 마찬가지로 수분으로 꽉 차 있어서 수분이 달아날 곳이 없기 때문이다. 비가 오지 않더라도 무더운 장마철에는 고온의 공기가 남서풍을 타고 바다를 지나면서 수증기를 듬뿍 품게 되므로 상대습도는 80~90퍼센트 이상인 경우가 허다하다. 우리나라 최남단 제주 서귀포에서는 이맘때면 실내 외벽에 물방울이 맺혀 흘러내릴 정도라는 얘기가 과장이 아니다. 이런 때는 햇빛에 빨래를 말려도 좀처럼 마르지 않는다. 밀폐된 실내에 빨래를 널어두면 미처 수분이 빠져나가기 전에 곰팡이가 피어 쉰내가 배기도 한다.

한여름이라도 바닷가처럼 해풍이 살랑살랑 부는 곳이라면 그래도 좀 나은 편이다. 습도는 높더라도 바람이 공기를 더욱 빠르게 섞기 때문에 빨래의 수분이 좀 더 쉽게 빠져나간다. 샤워 후에 헤어드라이어를 켜면 머리카락 사이로 바람이 지나가며 수분을 빼앗아가는 것과 같다. 거기에 내장 히터를 가동하여 뜨거운 바람을 내뿜으면 젖은 머리카락 사이로 수분이 더 빠르게 빠져나간다. 열기가 머리카락과 주변 공기 사이에서 대류가 더욱 활발히 일어나게 해주므로, 공기가 더 쉽게 섞이면서 머리카락의 수분이 수증기로 배출되기 때문이다. 세탁물 건조기도 유사한 원리를 이용한다. 더워진 공기를 젖은 세탁물 사이로 쉴 새 없이 내보내서 빨랫감 주변의 공기를 뒤섞고 빨래의 수분을 외부로 내보내는 것이다.

봄철 우리나라 남쪽에 이동성고기압이 놓이면서 중부 지방에 강하게 부는 서풍이 태백산맥을 넘어간다. 햇빛에 더워진 강원도 동해안의 사면을 타고 내려가면서 바람은 더욱 강해지고 뜨거워진다. 덥고 건조한 강풍이 영동 지방에 불어대면 마치 고온의 헤어드라이어로 젖은 머리카락을 말리듯이 주변의 초목과 땅이 바짝 말라간다. 거기에 누군가가 부주의로 불씨라도 흘리는 날이면 대형 산불이 되어 타오른다. 동해안 지방의 대형 산불은 봄철 서풍이 불 때 자주 발생한다. 겨우내 산간의 땔감들이 잔뜩 메말라 있는 여건에서 엎친 데 덮친 격으로 강풍을 동반한 덥고 건조한 공기가 불길을 더욱 부추기기 때문이다. 태백산맥 너머 동해안 부근에 자리 잡은 양양 낙산사도 화마를 피하지 못했다.

같은 조건이라면 여름보다는 겨울에, 겨울이라도 한파가 내려오는 날에 빨래가 더 쉽게 마른다. 실외 기온이 떨어질수록 건조기 내부의 빨랫감 온도와 외부의 기온 차가 커지면서 대류가 활발히 일어나 수분이 더 쉽게 빠져나간다. 겨울이 되면 강원 산간의 황태 덕장이 분주해진다. 찬 공기를 맞도록 바깥에 널어놓은 황태는 외기의 습도에 따라 마른 정도가 달라진다. 산간에는 바람이 평지보다 많이 불기도 하지만 중요한 것은 북쪽 내륙 지방에서 남하한 차고 건조한 공기다. 차가운 만큼 공기의 습도가 많이 떨어져 있어서 황태가 쉽게 마르는 것이다. 때로는 눈이 와서 일시에 수분이 늘어나기도 하지만 겨우내 널어놓다 보면 결국 황태의 수분이 쭉 빠진다. 그렇게 먹음직스러운 황탯국이나 황태구이의 재료가 되는 것이다. 물론 해안가에서 말린 북어는 산간에서 말린 황태보다 거센 바닷바람에 더욱 바짝 마른다.

이 땅에서 가장 건조한 곳은 사막이다. 수천 년 전에 죽은 사람과 그가 먹던 국수 가락이 지금까지 그대로 보존될 정도로 말이다. 수분이 거의 없는 사막에는 곰팡이도 세균도 없다. 그런데 언뜻 사막은 자연의 흐름에 역행하는 곳 같다. 가만히 두면 어디선가 바람이 습윤한 공기를 불러와 건조한 공기와 뒤섞을 것이다. 게다가 대기는 성질이 다른 공기가 서로 만날 때마다 크고 작은 난류를 만들어내 더욱 효과적으로 뒤섞는다. 찻잔을 휘저으면 소용돌이가 일면서 설탕이 고루 섞이듯이, 태풍이나 온대저기압도 대기를 휘저어 열대와 극지 사이에 열과 수증기를 고루 나누어준다. 그래서 모든 것을 섞으려는 자연의 경향만을 염두에 둔다면, 건조한 지역과 습윤한 지역의 경계도 시간이 지남에 따라 희미해져야 마땅하다.

하지만 태양 덕분에 지구상의 기후구라는 대기의 질서가 유지된다. 열대지방에서는 햇빛을 듬뿍 받아 상승하는 공기가 연일 스콜을 쏟아내며 열대우림기후를 가져오지만, 인접한 아열대에서는 바로 그 공기가 수레바퀴가 돌아가듯 하강하며 건조한 사막기후를 만들어낸다. 햇빛의 힘으로 대기가 지구상의 습한 지역과 건조한 지역을 갈라놓는 것이다. 에어컨을 구동하는 동안 뜨거운 바깥 공기는 한사코 실내 공기와 섞이려 하지만 전기의 힘이 실내의 차가운 공기와 바깥 공기의 기온 차를 벌려놓는 것과 같은 이치다.

지구가 탄생했을 때는 모든 곳이 똑같았을 것이다. 그런데 어째서 이곳은 모래만 가득하고 물기라고는 찾아볼 수 없는 황량한 오지가 되었을까? 빨래 건조기에 빗대어 생각해보면 그 이유를 쉽게 찾을 수 있다. 첫째, 빨래 건조기는 내부의 수증기를 밖으로 내보낼 수는 있지만, 외부의 물기는 들어오지 못하게 차단

한다. 사막도 하늘을 향해 열려 있어서 수증기는 자유롭게 빠져 나갈 수 있다. 하지만 사막은 지형적으로 바다에서 멀리 떨어진 내륙에 형성되어 있어서 바다의 수분은 유입되지 못하도록 고립된 셈이다. 둘째, 빨래 건조기는 더운 열기를 빨래통 안에 불어넣어 빨래를 말린다. 매일 맑은 날씨가 이어지는 사막에서는 낮에 태양이 지면을 달구어, 지면 부근의 대기가 불안정해진다. 그러면 대류가 강해지면서 공기가 심하게 뒤섞이고 지면의 수분이 수증기가 되어 대기로 빠져나간다. 셋째, 빨래 건조기는 먼저 빨래판을 회전시킨 다음 원심력을 이용하여 물을 최대한 밖으로 빼낸다. 이 물은 관을 통해 하수도로 빠져나간다. 사막에서 대기로 옮겨간 수증기는 주변 지역으로 밀려나고, 사막 바깥에서는 비구름이 수시로 대기 중의 수증기를 쥐어짜 비로 만들어버린다. 지상에 내린 강수는 강을 통해 바다로 나가버리므로, 한동안 수증기가 다시 사막으로 되돌아올 일은 없게 된다. 이런 과정이 오랜 세월 반복되면 토양의 수분은 고갈되어 결국 사막이 되는 것이다.

우리나라는 산지가 많기는 하지만, 그래도 산 아래 평지에 비옥한 옥토가 많다. 다행스러운 일이다. 우리나라는 삼면이 바다이고 바다 가까운 곳에는 바람에 수증기가 실려 온다. 한여름 북태평양고기압이 우리나라를 덮고 있을 때면 뜨거운 열기가 연일 대지를 달구지만 장마철에 내린 많은 비가 이를 보상하고도 남는다. 한겨울 한파가 몰아칠 때는 건조한 시베리아 공기가 내려오기는 하지만 간간이 눈이 내려준다. 그런가 하면 봄가을에는 수시로 온대저기압이 지나가며 바다의 수증기를 끌어들여 비나 눈을 내려준다. 수분이 부족했던 땅이 촉촉해진다.

우리 주변에는 사람이 만들어낸 사막도 있다. 식물이 자라는 곳에서는 토양의 수분이 쉬이 빠져나가지 못한다. 햇빛이 이파리에 막히면서 지면이 받는 열기가 적어지는 만큼, 맨땅에서 직접 증발하는 수분의 양은 줄어든다. 또한 식물의 뿌리는 지하에 흐르는 물을 붙잡아두는 역할도 한다. 한편 식물이 호흡으로 배출한 수증기는 구름이 되어 그곳에 비를 뿌려준다. 대기와 식물과 토양이 서로 균형을 이루면서 대지가 메마르는 걸 막는 셈이다. 하지만 농지를 개간하거나 벌채를 하면 토양이 햇빛에 직접 노출되어 토양의 온도가 오르고 더 많은 수분이 대기 중으로 빠져나간다. 토양의 수분이 줄어들면 식물이 말라 죽고, 그늘막이 사라진 토양의 온도는 계속 가파르게 올라가 결국 사막화로 이어진다.

미국에서는 한때 사람들이 너도나도 서부로 가서 땅을 파헤쳐 농지를 개간하고 광물을 캐냈다. 그동안 땅은 황폐해지고 메말라갔다. 이것이 20세기 중반 미국 서부 평원에서 일어났던 대가뭄 및 먼지 폭풍과 무관하지 않았을 거라는 얘기가 설득력이 있다. 우리나라도 봄철이나 가을철에 북서풍을 타고 황사나 미세먼지 농도가 높아지는 경우가 적지 않다. 도시 주변에서 산업 활동으로 생겨나는 먼지는 우리가 해결해야 할 과제다. 하지만 바람의 근원지인 몽골이나 만주나 북한 지역에서 혹시 사막화가 진행되어 우리나라의 대기 질을 떨어뜨리는 것은 아닌지 추측만 해볼 뿐이다. 발원지의 사막화로 국경을 넘나드는 먼지는 지속 가능한 자원 개발과 지구 대기의 보전을 위해 인접 국가들이 함께 풀어가야 할 숙제다.

눈송이에
——————— 귀를
기울이면

    극지에서 가져온 얼음 조각을 물 컵에 넣으면 통통 소리를 내며 뭔가 살아 있는 듯한 느낌을 준다. 수만 년 동안 차디찬 눈의 세계에 갇혀 있던 기포가 세상에 다시 제 모습을 내보이는 순간이다. 〈미녀와 야수〉에서 마녀의 저주로 오랫동안 차디찬 성에 갇혀 지내던 야수가 마음이 따뜻한 소녀 벨과 진정한 사랑을 나누면서 다시 왕자의 모습으로 되돌아오는 것 같다. 얼음 속의 기포가 터질 때마다 수억 년 전 고대 생명체의 숨결을 마주하게 된다. 어떤 기포는 설원을 지나던 매머드가 큰 귀를 펄럭일 때 빠져나온 체취를 담고 있을지 모르고, 또 다른 기포는 쥐라기 평원에서 포효하던 사나운 공룡의 거친 숨을 담고 있을지 모른다.

    극지방은 지구에서 가장 추운 곳이다. 눈이 내려도 녹지 않는다. 눈이 쌓이는 동안 주변 기체가 함께 빨려들어 간다. 쌓인 눈 위에 새 눈이 쌓이기를 반복하면 하중이 커지면서 아래쪽부터 점차 얼음으로 변해간다. 그 안에 함께 갇힌 공기는 기포가 되어 외부와 차단된 채 미라처럼 본래의 모습을 유지한다. 육안으로 보면 얼음에 박힌 티끌만 한 점에 불과하지만 기체 분자가 돌아다니기에는 마치 사대문 안에 개미를 풀어놓은 것과 같은 광대한 공간이다. 기포는 본래 상태 그대로 보존되어 있어서 고대 기후의 비밀을 밝히는 열쇠가 된다. 기체의 성분을 분리하고 동위원소를 분석해보면 당시의 날씨와 온실 기체의 농도를 과학적으로 추정할 수 있다.

하나의 기포는 오랜 여정 끝에 극지에 당도한다. 우선 하나의 눈송이가 만들어지는 것 자체가 예사롭지 않다. 머리 위에 방금 내려앉은 눈송이는 구름 속에서 100만분의 1의 경쟁률을 뚫고 내려온 행운아다. 구름 안의 작은 방울이 100만 개 이상 모여야 하나의 눈송이가 되기 때문이다. 구름 안에서 주변의 수증기나 과냉각 물방울이나 다른 얼음 결정을 먹으면서 100만 배나 덩치를 키운 것이다.

눈송이에는 나무처럼 빈 공간이 많다. 나뭇가지가 팔을 벌려서 그 안에 새와 나비가 숨 쉴 공간을 넓혀놓은 것처럼, 눈송이도 얼음 결정을 바깥으로 죽죽 뻗어서 그 안에 기체들이 맘껏 드나들 공간을 만들어두었다. 눈에 보이는 눈송이는 90퍼센트 이상이 기체로 에워싸여 있다. 그래서 눈이 10센티미터 쌓였다고 해도 강수량으로는 1센티미터가 채 안 되는 것이다.

눈이 땅에 안착하면 이미 쌓인 눈의 결정 모양에 맞추어 짝

짓기라도 하듯이 차곡차곡 쌓인다. 바람이 불면 요리조리 이동하면서 마치 테트리스 게임을 하듯이 모양이 맞는 곳을 찾아나서는 것 같다. 이 게임에서 계속 모양을 맞추어가면 때로는 한쪽으로만 빠르게 벽돌의 키가 자라듯이 눈송이도 바람에 이리저리 날리면서 어떤 곳은 다른 곳보다 더 빠르게 눈이 쌓인다. 그래서 한 곳에서 측정한 적설량이 주변의 다른 곳과 차이가 많이 나기도 한다. 그만큼 적설은 재는 곳에 따라 들쑥날쑥하여 대푯값을 찾기 어렵다.

지상에 내려온 다음에도 눈송이끼리의 경쟁은 계속된다. 작은 눈송이에서 기화한 수증기는 큰 눈송이에 달라붙는다. 그렇게 큰 눈송이는 살이 통통해지면서 점점 커지고 작은 눈송이는 쪼그라들다가 이내 사라진다. 그런가 하면 결정의 모양이 복잡한 눈송이의 표면에서도 별이나 바늘처럼 볼록 튀어나온 곳은 표면장력이 커서 쉽게 수증기가 기화하는 반면 움푹 파인 곳은 표면장력이 작아 주변의 수증기가 쉽게 달라붙는다. 이렇게 빈틈이 메워지면서 현란한 별 모양이었던 눈송이는 점차 둥그스름하고 볼품없고 평범한 모습으로 변해간다.

한편 쌓인 눈은 깊이에 따라 온도가 달라진다. 적설 위쪽은 대기에 열을 빼앗겨서 차가운 반면, 아래쪽은 지열을 받아 따뜻하다. 온도가 높아지면 수증기압이 커지고 수증기가 쉽게 기화한다. 온도가 높은 아래쪽에서 나온 수증기가 온도가 낮은 위쪽으로 이동하여 달라붙는다. 여기에 적설의 하중이 보태지면서 쌓인 눈은 서로 잡아먹고 잡아먹히며 모양이 변해간다. 그 사이의 기체가 숨 쉬는 공간이 점점 좁아지면서 밀폐된다. 이렇게 물고 물리는 물밑 작업을 통해 눈송이 안에 포획된 공기가 얼음에 밀봉된 채 기포가 된다.

우리나라에 흔한 함박눈과 달리 타이거 산림지대에서 극지까지의 추운 지방에는 가루눈이 내린다. 차이콥스키의 발레곡 〈호두까기인형〉에서 마법에 걸린 클라라는 꿈속에서 여러 나라를 여행하다가 어느 순간 눈의 나라에 당도한다. 이곳에는 전나무처럼 뾰족한 나무들이 빽빽한 숲속에 가루눈이 사뿐히 내린다. 나무도 들판도 온통 눈으로 하얗게 빛난다. 초록 조명 사이에서 군무를 추는 발레리나들은 마치 눈송이처럼 사뿐사뿐 내려앉다가 다시 바람에 날아오르고 이내 곧 정숙하게 설원 위에 미끄러져서 잠을 청한다. 눈의 요정이 있다면 이런 곳에 머무르지 않을까.

가루눈은 잘 뭉쳐지지 않고 밟을 때마다 뽀드득 소리를 낸다. 눈송이의 온도가 낮고 습기가 적어서 서로 부딪히더라도 잘 엉겨 붙지 않는다. 그래서 송화가루처럼 미세한 가루눈의 모습을 띠는 것이다. 지상에 내려온 후에도 쉽게 모양이 흐트러지지 않아, 눈송이 주변의 기체가 고스란히 눈 결정의 빈틈을 채우면서 설면이 금방 차오른다. 눈과 비의 비율은 통상 10대 1을 넘어 때로는 30대 1까지도 벌어진다.

극지방도 계절마다 쌓이는 눈의 양이 다르다. 기온이 낮은 겨울에는 눈이 많이 쌓인다. 매년 차곡차곡 쌓인 눈은 나이테처럼 여름에는 깊이가 작고 겨울에는 깊이가 크다. 적설 아래로 파들어 갈수록 더 오래된 기포를 만날 수 있다. 둥근 파이프를 아래로 밀어 넣고 얼음 봉을 뽑아내면 빙하 코어(ice core)가 된다. 빙하 코어는 사람의 손이 가장 닿지 않는 곳에 자연이 묻어둔 날씨의 타임캡슐이다. 그 안에는 연도별로 눈에 섞여 들어갔다가 얼음에 갇혀버린 기포가 있다. 이 기포를 순차적으로 분석하면 기온, 강수량, 이산화탄소 농도 등 고대 기후에 대한 연대기를 얻게 된다.

극지방에서 채집한 빙하 코어에는 여러 차례 추워졌다 더워진 흔적이 담겨 있다. 지난 수십만 년 동안 몇 차례 빙하기가 있었고 그 사이사이에 기온이 오르는 간빙기가 있었다. 극지방에 얼음이 쌓이면 햇빛을 더 많이 반사해 지표가 받는 에너지는 작아진다. 지표 온도가 떨어지고 얼음 면적이 늘어나면 햇빛을 더 많이 차단하게 된다. 반사도와 얼음 면적이 상호작용을 일으켜서 지표 온도는 계속 하강하게 되었을지도 모른다. 아니면 지구의 자전축과 공전궤도의 변화 주기가 서로 맞아떨어지면서 여름은 덜 덥고 겨울은 더 추워졌고 이에 따라 연중 평균기온이 점차 낮아졌을 수도 있다.

기후 변동이 심해질 때마다 지구 생태계에도 커다란 변화가 일어났다. 우리 몸에도 오랜 세월 빙하기를 견디며 진화를 거듭해온 디엔에이(DNA)의 흔적이 남아 있을 것이다. 빙하가 녹으면서 해수면이 높아지고 대기 중의 수분이 늘어나면서 식생에도 변화가 일어났을 것이다. 그에 따라 추운 곳에서 살던 매머드 같은 거대 동물들이 먹이 부족으로 사라졌을 것이다. 그런가 하면 화산 폭발로 성층권을 덮은 화산재가 햇빛을 가리면서 가뭄이 길어지고 수확량이 줄며 사회 불안과 폭동을 불러왔을 것이다.

17세기 소빙하기의 조선에는 폭설과 우박이 자주 내린 데다가 가뭄도 심했다. 싸늘하고 메마른 산야를 지나던 기체가 온대 저기압에 실려서 북쪽으로 날아가 눈송이와 함께 기포가 되었을 것이다. 우리나라에서는 만년설을 보기 어렵다. 하지만 태백산맥에서 북으로 뻗어나간 캄차카반도 준봉 어딘가에는 조선 시대의 기포가 만년설에 파묻혀서 당시 흉작과 역병에 내몰렸던 사람들의 고단했던 삶을 기억하고 있을지도 모른다.

한때 지구가 따뜻했던 시기에 그린란드의 두터운 얼음층이 모두 녹아내려 해수면이 몇 미터나 솟아오른 적이 있었다. 이는 빙하에 묻혀 있던 단순한 과거사가 아니라 온난화가 가져올 미래에 대한 섬뜩한 경고다. 최근 지금껏 인류가 경험해보지 못한 빠른 속도로 이산화탄소 배출량이 증가하고 있다. 대기과학자들의 전망대로 다음 세기에 지구의 평균기온이 3도에서 7도까지 올라간다면 생태계에 많은 변화가 일어날 것이다. 지역적으로는 이보다 훨씬 가파르게 기온이 상승하거나 극심한 이상 난동, 한파, 가뭄, 홍수가 빈발할지도 모른다. 해수면이 상승하면서 해안 저지대에는 더 큰 변화가 일어날 수도 있다. 빙하 코어에 담겨 있는 고대 기후와 생명체의 진화 과정을 밝혀낸다면 앞으로 기후변화의 문제를 풀어가는 데 소중한 실마리를 찾을 수 있을 것이다.

밤에도
—————— 쉬지
않는다

날씨는 하루 중에도 몇 번씩 변한다. 낮에는 대지가 점차 햇빛에 달궈지면서 어딘가에는 구름이 끼고 돌풍이 불고 소낙비나 눈이 온다. 또한 땅의 열기가 위로 전해지면서 상하로 공기가 활발하게 섞인다. 땅의 기운이 열기를 타고 뻗치는 곳까지 지면의 마찰력이 바람을 끌어당겨서 헬리콥터가 다니는 고도까지 풍속이 약해진다. 이 고도는 통상 수증기의 물길이 주로 지나다니는 통로이기도 하다.

그러다가 밤이 되면 대지가 점차 차가워지면서 주변의 따뜻한 공기와 부딪히는 곳에서는 또 다른 날씨 변화가 일어난다. 대기가 안정해지면서 땅의 기운이 지면에 내려앉고 그 위로는 바람이 자유롭게 불어 점차 풍속이 강해진다. 새벽녘이 되면 풍속은 최고조에 달한다. 장마철에는 이 바람을 타고 바다의 수증기가 대거 내륙으로 밀려와서 비구름이 발달하고 종종 큰 비가 내린다. 그래서 집중호우는 야행성이란 말이 생겨났다.

가을이 깊어질수록 밤이 길어지고 새벽녘의 공기는 더욱 차가워진다. 가을비에 축축해진 대지 위로 이동성고기압이 들어서면 무거운 냉기가 내려앉아 안정해진 대기는 바람마저 숨을 죽이게 한다. 대지가 밤하늘로 적외선을 자유롭게 내보내며 기온이 뚝뚝 떨어진다. 새벽녘에는 아직 남아 있던 수증기가 응결하며 안개가 낀다. 그런가 하면 호수나 하천에서 증발한 수증기가 응결하여 강가나 호숫가에 안개가 자욱이 낀다. 지형에 따라 국지적으로 좁은 영역에 안개가 끼는 탓에 직접 가보지 않고는 알 도리가 없다. 그러다가 서리라도 끼는 날이면 도로에 맺힌 이슬이 얼어붙어 자동차를 위협한다. 다리 위에는 강에서 올라온 수증기가 많고 고지대의 터널 출입구에는 기온이 특히 낮아 살얼음이 끼기 쉽다.

그러다가 동지가 가까워지면 겨울밤은 최고로 길어진다. 북극에 가까운 시베리아는 고위도라서 해가 빨리 지고 밤은 더욱 길다. 그나마 잠깐 낮에 들어온 햇빛도 눈이나 얼음에 반사되어 대부분 우주로 되돌아가 버린다. 밤은 블랙홀처럼 대지에서 에너지를 빨아들인다. 몇 개월간 밤이 계속되는 만큼 에너지를 많이 빼앗겨서 극저온의 한기가 만들어진다. 동토의 찬 공기가 세력을 키우면서 남하하는 곳마다 따뜻한 공기와 부딪히며 강한 눈구름이 일어난다. 밤이 깊은 곳에서 태어난 탓인지, 눈구름도 밤이나 새벽에 더 활발해지는 경향이 있다. 북쪽에서 내려오는 찬 기운이 강할수록 기상 상황은 급변하고 눈과 바람과 한파가 함께 몰려온다.

날씨 전선에 안전지대는 없다. 밤낮 없이 아무 때나 찾아오는 불청객을 맞이하느라 기상예보 본부에는 24시간 불이 꺼지지 않는다. 남서쪽 해상에서 들어온 비구름이 물러나나 싶으면, 북서쪽에서 찬 공기가 밀려와 큰 눈을 뿌린다. 한파가 누그러든다 싶으면 황사가 날아들고 먼지 농도가 올라간다.

낮이라면 잠깐 짬을 내서 구름의 모습이나 대기의 색깔을 육안으로 확인할 수 있겠지만, 밤에는 엘이디(LED) 스크린에 찍혀 나온 관측 수치나 위성·레이더 영상에 담긴 날씨 상황을 추정해볼 수밖에 없다. 그런데 밤에는 위성 영상에 잡힌 희끗희끗한 영역이 구름인지 안개인지 구별이 잘 안 된다. 안개는 지면에 바짝 달라붙어 있어서 지면과 온도가 엇비슷하기 때문에 열 감지 카메라로도 식별이 잘 안 된다. 눈구름은 낮게 깔려 있기에, 가까이 다가오기 전에는 레이더에도 잘 잡히지 않는다. 황사 먼지도 밤에는 열 감지 카메라에 잘 잡히지 않는다. 게다가 구름에 황사가 섞여 있으면 구분해내기도 어렵다. 눈으로 확인하기 어렵고, 첨단 장비에도 속 시원하게 잡히지 않아서 야밤에는 언제 어디서 돌발 기상이 나타날지 전전긍긍하게 된다.

문제는 여기서 끝나지 않는다. 밤에는 어디서든 일손이 달린다. 신문사나 방송사에도 최소 인원이 야간 뉴스에 대응하므로,

기상 상황을 소통하는 데는 어려움이 따른다. 당연히 돌변하는 기상 상황을 수요자에게 즉시 전달하기는 어렵다. 지자체의 대기 인력도 마찬가지다. 밤에는 보통 긴급한 사고에 대비해서 소수만 당직 근무를 선다. 심각한 호우나 대설로 비상소집을 하더라도 필요 인력이 모이는 데는 몇 시간이 걸린다. 눈을 치우기 위해 제설차와 운전자를 동원하는 데는 더 긴 시간이 소요된다. 그러다 보면 골든타임을 놓치고는 이미 하천이 범람하여 침수가 일어나거나 눈길 사고로 도로가 막힌 후에야 현장에 출동하게 된다.

기상 상황이 긴박하게 돌아갈 것 같으면 평소보다 서둘러 야간 근무지로 향한다. 낮에 잠깐 선잠이 들었다가 깨어서인지 머리는 둔기로 얻어맞은 듯이 여전히 멍하다. 밤새 자료와 씨름하며 여기저기 기상특보를 발표하고 새벽 5시에 정규 일기예보를 내보내고 나면 무거워진 눈꺼풀 사이로 졸음을 참느라 또 한 차례 전쟁을 치러야 한다. 벌겋게 충혈된 눈으로 애써 태연하게 일근 조와 교대하면서도 속으로는 다음번 야근에는 어떤 날씨가 날 괴롭힐지 걱정이 앞선다.

생텍쥐페리가 《야간비행》에서 그려낸 우편배달 비행사도 이런 모습이 아니었을까. 험준한 산악을 넘어 컴컴한 밤하늘을 날다가 폭풍우에 갇힌 비행사는 가려진 시야에 전전긍긍하면서도 발광하는 계기판에 매달리며 예정된 시각에 기항지에 도착하기 위해 안간힘을 썼을 것이다. 경비행기는 저고도로 이동하므로 기류 변화가 심한 하층 대기와 지형의 영향을 많이 받는다. 상업 항공이 태동하던 1930년대만 하더라도 야간비행은 어려운 임무였지만, 비행사는 빠르고 정확하게 우편물을 실어 나르기 위해 위험을 무릅썼다.

날씨를 관측하고 예보하는 곳은 야간 근무를 피할 수 없다. 다음 주간의 날씨를 예보하려면 지구 반대쪽의 날씨를 알아야만 한다. 내가 있는 곳이 한낮이라도 지구 반대쪽은 한밤중이다. 서울에서 들여다보는 아침 9시의 일기도에는 영국 런던에서 한밤중에 관측한 자료가 반영되어 있다. 동유럽 어느 기상관측소에서는 야간 근무자가 새벽 3시에 눈을 비비고 사무실 밖으로 나가 관측 장비를 매단 풍선을 띄웠을 것이다. 내가 아니더라도 세계 곳곳에서 누군가의 야간 근무로 한 장의 일기도가 만들어지는 것이다.

야간 근무는 전깃불이 등장하고 밤낮의 경계가 희미해지면서 점차 늘어났을 것이다. 우주정거장에서 보내온 지구의 야경은 화려하다. 도심에서 도심으로 거미줄처럼 이어진 불빛이 은하수처럼 반짝인다. 그중에는 병원 응급실처럼 비상 근무를 하거나, 편의점 또는 경비실처럼 철야 근무를 하거나, 시차를 넘나들며 외국 파트너와 협업을 하는 곳에서 새어나온 불빛도 있을 것이다.

밤은 치유와 회복의 시간이다. 잠자는 동안 신체는 독성 물질을 제거하고, 상처를 치유하고, 스트레스를 해소한다. 밤에 일하면 생체 리듬이 교란되어 잠을 이루기 어렵고, 충분히 숙면하지 못해 면역 기능이 떨어진다. 우리 몸은 낮에 활동하고 밤에 쉬도록 태양의 일정에 맞추어 진화해왔지만 문명의 힘은 우리에게 이를 거슬러 가도록 강요한다. 요트가 맞바람과 정면으로 부딪치면 바람의 힘에 막혀 꼼짝도 못 하지만 45도 각도로 비틀어 가면 오히려 바람의 힘을 역이용하여 앞으로 나아갈 수 있다. 물살을 거슬러 가는 뱃사람의 지혜가 밤낮을 가리지 않고 일하는 생활 방식에 유연하게 적응하도록 도움을 줄 것이다.

산의
─────── 대기

우리 주변에는 산이 많다. 국토의 70퍼센트 이상이 산지라서 그렇게 느낄 법도 하다. 오래전 쌍문동에 사는 친구 집에 갔다가 아침에 나오는데 갑자기 눈이 부셨다. 떠오르는 햇살이 도봉산 동편 자락에 반사되어 황금빛으로 반짝반짝 빛났다. 하늘에 좀 더 다가선 높은 봉우리와 바위들에서는 정령들의 신비로운 기운이 느껴졌다. 복잡한 도심 안에서도 지척에서 산의 기운을 받을 수 있다는 게 고맙고도 신기했다. 영국에서 찾아온 방문객에게 서울에서 가장 인상적인 것이 무엇이었는지 물었다. 도시에 산이 공존하고 있는 것이라는 대답이 돌아왔다. 구릉과 초지가 많은 영국에서 온 손님이라면 당연한 대답일지도 모르겠다. 하지만 다른 나라에 가보아도 도시 가까이에서 높은 산을 보기가 그리 쉬운 것은 아니다.

산에 오르기 시작하면 처음에는 산세에 막히고 나무에 가려서 답답하기만 하다. 오르락내리락 오솔길을 따라가기를 반복하다 보면 어느새 작은 능선에 이르게 된다. 산들바람에 잠시 땀을 식히고 다시 발걸음을 재촉한다. 제법 높은 고지에 이르면 나무들은 드문드문하고 추위와 바람에 시달린 가지는 이리저리 뒤틀려 있다. 키 작은 관목이나 풀이 들판을 차지하면서 마침내 확 트인 전경이 펼쳐진다. 이곳에서는 비나 눈이 내리더라도 땅에 스며든 다음 낮은 곳으로 흐르거나 증발해버린다. 어디서도 고인 물을 찾기 어렵다. 지하수가 메마른 데다 바람이 강해서 증발이 심하게 일어나고, 기온은 낮은 탓에 식물이 살기에는 척박한 곳이다.

한동안 벗어놓은 재킷을 다시 주워 입는다. 바람이 제법 강하게 불고 공기도 싸늘해진 탓이다. 그러다가 정상에 오르면 사방이 발아래에 있다. 이제 바람은 모든 방향에서 번갈아 가며 불어댄다. 돌풍이 휘몰아칠 때마다 카메라가 흔들려서 사진 찍기가 힘들다. 재킷을 목 위까지 단단히 여미서 바람을 막아본다. 하지만 출발할 때의 가벼운 옷차림으로는 추위와 바람을 막기 버겁다. 한편 정상부는 기온이 낮은 만큼 공기가 머금을 수 있는 수증기의 양도 줄어들어 매우 건조한 상태다. 찬바람에 건조한 공기가 땀을 증발시키면서 체온은 빠르게 떨어진다. 입산 몇 시간 만에 벌어지는 극심한 기후변화다. 정상에서 느끼는 성취의 기쁨도 잠시. 달라진 날씨에 빨리 하산하고 싶다.

정상에 다가서면 춥고 바람이 강한 이유가 뭘까? 이 질문이 틀린 것은 아니지만 좀 더 적절한 질문은 동전의 다른 면에서 찾아볼 수 있다. 즉 평지로 다가설수록 기온이 따뜻해지고 바람이 약해지는 이유를 물어야 하는 것이다. 온도가 낮고 바람이 세찬 것이 대기의 본모습이고, 평지에서 느끼는 대기는 땅의 영향으로 변형된 것이다. 우리는 산에서 대기의 순전한 본래 모습을 재확인하는 것뿐이다.

대기를 구성하는 기체들은 각자의 온도에 따라 끊임없이 적외선을 방출하며 에너지를 잃는다. 어디선가 에너지를 받지 못하면 대기의 온도는 계속 떨어지게 된다. 하지만 대기층을 통과한 햇빛이 지면을 달구면 지면의 온도가 올라가고 지면 부근에서 난류가 일어난다. 이 난류가 지면의 열을 대기로 끌어올려 대기를 다시 덥혀준다. 햇빛이 지면과 가까운 아래쪽에서부터 대기의 온도를 높여주는 것이다.

산 정상에 올라 두 팔을 벌린다. 수평으로 뻗어 나간 팔 주변의 대기는 지면의 열을 받지 못해 차가워진 상태다. 주변 대기는 서로 섞이기 마련이므로 정상 부근의 대기는 평지보다 차가운 상태를 유지하는 것이다. 한편 대기는 온실의 비닐처럼 보온재 역할도 한다. 온돌방 아랫목에 갓 지은 밥을 담은 그릇을 놓고 식지 않도록 그 위에 이불을 덮어놓은 것 같다. 그런데 대기층은 지면에 가까이 내려올수록 두터워지고 하늘 높이 올라가면 엷어진다. 하늘과 가까워지면서 그 사이를 메워줄 대기층이 엷어진 것이다.

높이 올라갈수록 지면의 열원과 멀어진 데다가 그 위를 감싸는 대기의 이불이 얇아지므로 기온이 떨어질 수밖에 없는 구조다. 겨울철에는 일찍 해가 떨어지고 고지대부터 기온이 빠르게 떨어진다. 사방이 캄캄해서 길을 따라가기도 힘들다. 정상부의 차가워진 공기가 중력의 힘으로 골짜기를 따라 흘러내리면서 찬바람이 거세지고 기온은 더욱 빠르게 하강한다. 겨울 산행 때 해가 지기 전에 하산하기를 권고하는 이유다.

봄철 지상에서는 영상 15도 내외의 포근한 날씨인데도 지리산이나 설악산 정상에 오르면 0도 내외의 낮은 기온에 강풍이 불어 체감온도는 영하 10도 이하로 떨어진다. 평지라면 한반도에서 북쪽으로 한참 올라간 시베리아에서나 체험할 추위다. 늦가을이나 이른 봄에도 산간은 한겨울이다. 평지에는 비가 오는데 강원 산간에는 폭설이 오는가 하면, 맑은 날에도 고지대에는 서리가 내리기도 한다.

한편 지면에 가까이 내려올수록 바람은 약해진다. 강물에 몸을 맡겨보면 바닥에 닿아 있는 발끝에서는 물살을 거의 느끼지 못한다. 대신 찰랑찰랑 물이 출렁이는 허리 부근에서는 몸이 강한 물살에 실려 내려가는 느낌을 받는다. 대기도 마찬가지다. 중위도 상공에서는 열대와 극지방 사이의 기온 차이를 메우기 위해 편서풍이 강하게 분다. 하지만 지면에 맞닿은 곳에서는 지면과의 마찰이 커서 대기의 흐름이 약하고 바람이 거의 없다. 지면에서 멀리 떨어진 높은 곳으로 옮겨갈수록 마찰력이 작아지면서 대기의 흐름이 원활해지고 바람이 강해진다. 그래서 산 정상에 가까워지면 거친 땅의 마찰력으로부터 자유로워진 본래의 편서풍을 그대로 받기 때문에 강한 바람을 느끼는 것이다.

산 입구까지는 순탄한 날씨였더라도 산에 오르면 갑자기 안개에 휩싸이기도 하고, 요란한 폭풍우와 맞닥뜨리기도 한다. 바람은 강물처럼 산지 지형을 따라 흐른다. 오르막에서는 바람도 상승하고, 내리막에서는 바람도 하강한다. 좁은 건물 사이를 지날 때 바람이 강해지듯이 협곡 사이로는 더 세찬 바람이 흐른다. 자유로이 대기를 흐르는 강한 바람이 높은 산에 부딪히면 그만큼 상승하거나 하강하며 세차게 불어댄다. 습기를 머금은 공기가 상승 기류를 만나면 구름이 된다. 구름이 충분히 성장하면 비나 눈이 내리기도 하고, 대기가 안정하면 대신 안개가 끼어 시야를 가린다. 그러다가 고개를 내려가면 바람도 하강하고 구름과 안개도 사라지며 대신 해가 비친다. 바람이 불어오는 사면과 등진 반대쪽 사면의 날씨가 극과 극을 달리는 것이다.

그런가 하면 산허리의 양지바른 사면에 햇볕이 내리쬐어 달궈지면, 높은 해발고도 탓에 주변의 대기가 차가운 만큼 국지적으로 강한 상승 기류가 소나기구름을 쉽게 만들어낸다. 여름철 남서 기류가 수증기를 듬뿍 몰고 와서 대기가 불안정할 때는 산봉우리마다 열섬이 생긴다. 들판에 버섯이 고개를 내밀듯이 여기저기에서 소나기구름이 피어난다. 산봉우리를 하나 넘을 때마다 비가 오다가 그치는 변덕스러운 날씨가 이어진다.

　산은 우리 민족이 이 땅에 터를 잡고 살기 오래전부터 그 자리를 지키고 있었다. 바람이 땅의 지세에 순응하여 흘러왔듯이 이 땅도 대기의 숨결을 받아들였다. 오랜 세월 이 땅은 바람이 부는 대로, 비나 눈을 맞는 대로 깎이면서 그렇게 다듬어져왔다. 완만한 언덕을 오를 때는 부드러운 비와 이슬을 느낄 수 있고, 가파른 암반 기슭을 오르는 동안에는 바람의 거친 손자국을 그려볼 수 있을 것이다. 등반을 하다 보면 하루 동안에도 여러 개의 기후대를 통과하게 된다. 마주치는 동식물과 토양의 미생물은 날씨에 적응한 그들만의 삶을 속삭인다. 우리는 산의 날씨가 특이한 것에 놀라지만 날씨는 자연의 원리에 따라 산과 그곳에 머무는 생명과 조화롭게 공존하는 것뿐이다.

산
이편과
저편

　겨울철 부산에서 기차를 타고 서울역에 내리면 유난히 춥게 느껴진다. 물론 남쪽 지방에 걸맞은 가벼운 코트 차림인 탓도 없지 않을 것이다. 하지만 불과 400킬로미터도 떨어지지 않은 거리에 비해 두 지방의 체감온도 차가 너무 크다는 느낌이 든다. 위도가 높아질수록 해가 비스듬히 지면에 내리쬐고 일조 시간이 줄어들면서 기온이 낮아지는 건 당연하다. 하지만 이것만으로는 설명이 부족하다.

　우선 바다의 온도가 다르다. 서해는 북쪽이 육지로 막혀 있는 데다 수심이 낮다. 컵에 물이 적을수록 얼음을 넣었을 때 빨리 차가워지듯이 수심이 얕을수록 찬 공기가 남하할 때 수온도 빠르게 떨어진다. 반면 대한해협으로는 물줄기가 빠른 구로시오 난류가 지나간다. 열대의 따뜻한 바닷물이 중위도까지 올라와 동해안으로 북상하는 것이다. 게다가 동해는 전반적으로 수심이 깊어서 열을 받거나 식히는 데 오랜 시간이 걸린다. 찬 공기가 북에서 내려와도 동해는 서해보다 천천히 식는다. 그래서 2월 평균 수온을 보면 인천 앞바다는 2.9도인 것에 비해 부산 앞바다는 11.6도로 무려 8도 이상이나 따뜻한 편이다. 한낮에는 해풍이 온화한 바다의 열기를 실어 오기 때문에 부산 도심은 한겨울에도 그리 춥지 않다. 강릉이 위도가 비슷한 인천보다 따뜻한 것도 같은 이유에서다.

다음으로는 산맥이다. 산세가 험준할수록 사람의 통행도 뜸하고 재화나 문물의 교류도 더디다. 자연히 산맥을 경계로 서로 다른 지역 문화가 형성된다. 공기도 마찬가지다. 바람이 지형을 따라 흐르다가 산을 만나면 둘레길을 걷듯 산허리를 돌아간다. 하지만 산맥이 길게 이어져 있으면 돌아가지 못하고 넘어갈 수밖에 없다. 산세는 높은데 바람이 약하면 공기가 산을 넘기 힘들어진다. 사람으로 치면 근력이 약하고 허기진 몸으로는 산을 오르기 어려운 것과 마찬가지다. 그래서 산맥이 길고 높을수록 능선을 경계로 양측에는 성질이 다른 기후가 나타나게 된다.

등산하는 사람과 다른 점이 있다면 대기는 부력의 영향도 받기 때문에 대기 안정도가 공기의 상하 운동에 영향을 미친다는 것이다. 상층까지 따뜻한 공기가 퍼져 있거나 하층에 찬 공기가 버티고 있으면 대기가 안정해서 바람이 강하더라도 공기가 상승하는 데 부담이 된다. 바람이 산을 넘기 어렵다는 말이다. 반대로 지면이 열을 받아 하층에서부터 따뜻한 공기가 차오르면 대기 안정도가 떨어지므로, 바람이 약하더라도 쉽게 산을 넘을 수 있다.

　　대기가 안정할수록 산맥을 경계로 양측의 날씨는 더욱 뚜렷한 대조를 보인다. 찬 공기가 북풍을 타고 밀려오다가도 북동·남서로 뻗어 있는 소백산맥을 만나면 주춤하게 된다. 무거운 찬 공기가 바닥에 바짝 엎드려서 이동하는 동안 대기는 안정한 성층을 이룬 상태다. 게다가 신의주에서 경기도를 지나 산야와 도심을 거쳐 오는 동안 지면의 마찰력이 바람을 끌어당기며 찬 공기의 힘도 많이 빠진 상태다. 그 앞에 산맥이 버티고 있어, 찬 공기가 더는 남하하지 못하는 것이다. 중부지방에는 한파가 몰아쳐도 영남 지방은 바람도 약하고 상대적으로 누그러진 날씨를 보인다.

　　온대저기압이 우리나라를 지나갈 무렵이면 바람이 북서풍으로 바뀌면서 찬 공기가 내려온다. 그 선단부는 이순신 장군이 즐겨 쓰던 학익진 대형으로 펼쳐진다. 활 모양의 경계선을 따라 소나기구름이 몰려온다. 한랭전선이라고도 하는 이 구름대는 종종 경기도를 지나 남동진해 가면서 한두 시간 동안 격렬하게 소나기를 퍼붓는다. 소백산맥을 만나면 한기의 지원을 받던 비구름 군단도 속도가 느려진다. 약한 구름대는 더는 전진하지 못하고 아예 멈춰서기도 한다. 산맥을 경계로 중부지방에는 세차게 비가 내리다가도 소백산맥을 넘어서면 빗줄기가 빠르게 약해진다. 산맥을 사이에 두고 강수량이나 적설량에 큰 차이를 보이는 것이다.

　　뭐니 뭐니 해도 극단적인 날씨 변화는 태백산맥을 지날 때 일어난다. 수도권에 사는 사람치고 무심코 강원도 동해안 지방에 여행을 나섰다가 한두 번 낭패를 경험해보지 않은 분이 없을 것이다. 영동고속도로를 달리는 동안에는 해가 쨍쨍했는데, 대관령을 지나자마자 갑자기 안개가 끼고 시야가 어두워진다. 고갯길에서 잠시 쉬어가려고 차에서 내린다. 그리고 계곡 아래 펼쳐진 전경을 바라본다. 구름과 안개에 갇힌 들판은 보이지 않고, 하늘과 땅의 경계도 분간이 되지 않는다. 크게 심호흡을 해봐도 이슬비가 간간이 섞인 습한 공기는 차갑기만 하다. 수증기가 많은 것이 눈으로는 목욕탕 한증막에 들어앉은 것 같은데, 피부에서는 차가운 기운이 느껴진다. 감각마다 느낌이 달라 혼란스럽고 음산하다. 산맥을 넘어가며 기분이 180도 달라진 것이다.

이러한 극적인 전환은 공기가 지형을 따라 흐르는 동안 팽창하거나 압축되면서 일어난다. 대기는 중력의 영향을 받기에, 산 위쪽이 산 아래쪽보다 공기 밀도가 희박하다. 산맥의 사면을 따라 정상으로 상승하는 공기는 숨 쉴 공간이 늘어난 만큼 팽창하고 온도도 떨어진다. 냉장고 안에서 압축된 냉매가 팽창하며 온도가 낮아지는 것과 같은 원리다. 반대로 산 아래로 공기가 하강하며 기체가 수축하면 기온은 오르고 상대습도는 떨어진다. 기류가 산맥을 계속 오르다 보면 구름이 점점 두꺼워지고 물방울이 더욱 커지면서 이슬비가 떨어진다. 빗방울이 낙하 중에 증발하며 주변 공기의 열을 빼앗아간다. 그래서 이슬비와 함께 피부에 닿은 기류가 더 음습하게 느껴지는 것이다. 이 기류가 산맥을 넘게 되면 이번에는 기온이 상승하고 구름과 안개는 흩어지며 날이 좋아진다. 바람이 차오르는 사면에는 구름이나 안개가 끼고 비나 눈이 내린다. 반면 바람이 내려가는 사면에는 해가 비친다.

겨울철에는 북동풍이 자주 분다. 해풍은 바람길을 따라 동해안으로 바다의 수증기를 실어 나른다. 수증기를 많이 머금은 기류는 계속 서쪽으로 전진하다가 태백산맥의 동쪽 사면에 부딪힌다. 등산하듯이 기류도 사면을 따라 자연스럽게 산을 오른다. 이런 날이면 동해안과 영동 지방은 십중팔구 흐리고 눈이나 비가 내린다. 하지만 터널을 지나 영서 지방으로 건너가면 해가 쨍쨍한 날씨를 보이게 된다.

여름철에는 내륙지방이 동해안보다 온도가 높다. 이럴 때 동풍이 불면 태백산맥의 동쪽 사면으로 바다의 수증기가 오르면서 안개가 자욱이 낀다. 게다가 서늘한 해풍이 바닥에 깔리므로 대기가 안정해져서 동풍은 안정한 대기와 산세를 뚫고 태백산맥을 넘기 어려워진다. 그동안 영동 지방은 안개가 햇빛을 가리는 바람에 일조량은 줄어들고 기온은 계속 떨어져 한여름에도 기온이 20도를 넘기가 어렵다. 날씨가 너무 서늘해서 바다에 몸을 담그기도 어렵다. 저온에 일사량 부족으로 농작물은 발육이 느려지는 냉해를 입는다. 여름철 오호츠크해의 서늘한 공기가 동해안으로 들어오면 이런 현상이 유독 심해진다.

봄가을 서풍이 불어댈 때 영서 지방은 습하고 안개가 끼거나 비가 오는 날씨인 반면 영동 지방은 건조하고 화창한 날씨를 보인다. 동풍이 불 때와는 상반된 모습이다. 바람의 방향에 따라 태백산맥 서쪽과 동쪽에 사는 사람들은 한쪽에서는 날씨로 웃고 다른 쪽에서는 우는 기현상을 반복해서 겪는 것이다. 사계절을 통틀어보면 영동 지방은 인접한 동해의 영향으로 영서 지방보다 강수량이 많고 겨울철에도 더 따뜻한 편이다. 한겨울 동해상에서 북동풍이 불어올 때는 일시적으로 영동 지방에 큰 눈이 내리며 1미터 이상 쌓이기도 한다. 반면 영서 지방은 서해와 멀리 떨어진 내륙이라서 강수량이 적고 건조한 편이다.

태백산맥은 준봉이 많고 남북으로 길게 이어져 있는 만큼 영서와 영동의 기후 차이가 유난히 심한 편이다. 한두 세대 전만 해도 재를 넘기가 쉬운 것은 아니었다. 동서로 바람의 방향이 바뀔 때마다 산맥을 사이에 두고 양측의 날씨가 크게 달라지는 통에 영동 지방과 영서 지방은 각기 독특한 문화를 가꾸어왔다. 역사적으로 두 지방은 한동안 각각 다른 행정구역에 속했다가 점차 강원도라는 하나의 행정권역으로 편입되었다. 지금은 터널이 뚫려서 두 지역 간 문화의 장벽은 무너졌다. 하지만 산세는 예나 지금이나 변함없어서 한두 시간만 드라이브하면 기압계에 따라 완전히 다른 날씨를 경험할 수 있다. 이것이 여행에 또 다른 묘미를 더해준다.

시베리아
──────── 선율

    함박눈이 내릴 때는 차가운 얼음 가루가 떨어지는데도 왠지 따뜻한 느낌이 든다. 펑펑 쏟아지는 눈이 방앗간에서 시루떡을 뽑아내 서로 나누어 먹듯이 인심 좋게 느껴져서일까? 아니면 큼직한 눈송이가 솜털처럼 축 처진 어깨를 포근하게 감싸주어서일까? 실제로 커다란 눈송이는 기온이 0도 내외로 올라갔을 때 내리는 경우가 많다. 영하의 추운 날보다는 0도 내외의 비교적 따뜻한 날일수록 대기 중에 습기가 많아져서 눈송이가 지상으로 내려오는 동안 서로 엉겨 붙어 쉽게 크기를 키울 수 있다. 남풍이 불어올 때는 한겨울이라도 기온이 오르면서 추위가 주춤하고 다량의 수증기가 들어온다. 습기를 잔뜩 머금은 대기의 물길이 북쪽의 한기와 부딪히는 곳에서 함박눈이 내린다.

    눈이 그치고 해가 비치면 세상은 온통 하얗게 빛난다. 습기를 많이 머금은 눈이라서 나무에 엉겨 붙으면 가지마다 코팅한

듯 고루 눈에 덮여 하얗게 빛나고, 주변의 집들은 눈으로 서로 연결되어 마치 하나의 건물인 듯 통일된 모습을 보여준다. 그러면 완전히 색다른 세상에 온 것 같은 착각을 하게 된다.

함박눈은 쉽게 뭉쳐져서 찰흙처럼 여러 가지 모양을 만들 수 있다. 아이들은 눈가루를 한 움큼 움켜쥐고 꼭꼭 눌러서 눈싸움을 하기 바쁘다. 한편에서는 구르는 눈덩이가 갑절씩 덩치가 커지는 것을 신기하게 바라보면서 눈사람을 만든다. 영화 〈러브 스토리〉에서 연인은 함박눈이 내리던 따뜻한 겨울날, 함께 거리를 거닐다가 눈이 쌓인 길가에서 눈싸움도 하고 하얀 눈에 잠시 파묻혀보기도 한다. 경쾌한 기타 리듬 위에 단아한 목소리의 허밍으로 이어지는 사랑의 멜로디가 연인 사이에 잔잔하게 흐른다.

하지만 이것도 잠시. 햇빛을 받아 도로의 눈이 질퍽거리기 시작한다. 눈사람은 땀을 흘리고 군데군데 속살을 드러낸다. 처마 밑의 고드름도 나뭇가지의 눈도 녹으면서 머리 위로 물이 뚝뚝 떨어진다. 어느새 남풍은 북풍으로 바뀌고 차가운 바람이 불어온다. 창틈으로는 강한 바람이 파고들며 쉬익쉬익 소리를 내고, 낮 동안 녹았던 도로는 다시 얼어붙어 빙판으로 변한다. 동장군이 시베리아 특급 열차를 타고 빠르게 남하하는 것이다. 쌓인 눈이 녹았다 얼기를 반복하며 한때 순결했던 흰색은 이미 바랜 지 오래다. 솜사탕 같은 질감은 어디 가고 딱딱한 얼음 형상만 남았다. 눈사람의 포근한 표정은 사라지고 날카로운 이빨만 드러난다. 도로를 오가는 행인들은 추위로 옷깃을 여미며 몸을 움츠린다. 빨라진 발걸음에 빙판에서 미끄러지지 않으려고 펭귄처럼 뒤뚱뒤뚱 걷는다. 비발디는 〈사계〉의 '겨울'에서 모든 것이 얼어붙고 얼음장 같은 추위로 이가 덜덜 떨리는 모습을 바이올린의 짧은 스타카토로 둔탁한 동음을 반복하며 실감 나게 표현했다.

시베리아의 겨울 낮은 짧다. 낮 동안 잠깐 비친 햇빛도 대부분 눈이나 얼음에 반사되어버려서 소량만 지면에 도달한다. 대신 지면은 기나긴 밤 동안 적외선을 계속 방출하며, 낮 동안 잠깐 받은 일사량보다 더 많은 에너지를 빼앗긴다. 대지가 차가워진 만큼 공기가 무거워지고 고기압의 세력이 강해지면서 바람은 더욱 약해지고 대기 중의 습도도 낮아진다. 고기압권에서는 기류가 하강하며 구름도 수증기도 모두 달아난다. 밤하늘에는 별들만 총총해서 동토가 방출하는 적외선은 맑고 건조한 대기를 쉽게 통과하여 하늘로 나아가고, 지면의 온도는 더욱 떨어진다. 겨울밤이 이어질수록 대지는 연일 빠르게 열을 빼앗기며 온도가 떨어진다. 차가운 공기가 깔리고 대기가 안정해진 탓에 공기가 정체해, 바람도 약해지고 연직으로도 확산하기 어려워진다. 지면이 차가워진 만큼 인접한 대기층도 빠르게 식어간다. 시베리아의 한기는 이렇게 얼음과 햇빛과 대기의 물고 물리는 상호작용을 통해 한 방향으로 치달리며 극강의 한기를 만들어낸다.

시베리아 평원은 한반도의 60배에 이를 만큼 광활하다. 차갑게 식어가는 대륙 평원 위에 터를 잡은 대륙고기압도 넓기는 마찬가지다. 시베리아 안에 있더라도 고기압을 따라 흐르는 바람의 방향에 따라 추위의 강도가 달라진다. 동쪽에서는 북풍이 극지로부터 매우 찬 공기를 계속 끌어들이므로 유난히 춥다. 세계적으로 추운 지방으로 알려진 오이먀콘이나 이르쿠츠크가 러시아 극동에 있는 것도 이 때문이다. 밤 기온이 영하 60도고, 한낮 기온도 영하 30도라니 얼마나 추운 것인지 상상이 안 간다. 낮에도 피부가 외부에 노출되면 몇 분 만에 동상에 걸린다는 추위다. 이곳은 세상이 온통 냉장고다. 생선 가게는 자연 상태로 얼어 등이 휜 갖가지 생선을 과일처럼 내놓고 판다.

한때 유럽을 제패했던 전쟁의 천재 나폴레옹도 시베리아의 강추위 앞에서는 기를 펴지 못했다. 나폴레옹이 이끄는 프랑스 군대는 의기양양하게 모스크바로 진군했지만, 러시아군은 이미 도망친 지 오래고 대신 시베리아의 혹독한 동장군이 그들을 기다리고 있었다. 결국 나폴레옹은 퇴각하지 않을 수 없었다. 차이콥스키는 〈1812년 서곡〉에서 프랑스군의 진격을 프랑스 국가인 〈라 마르세예즈〉로 잠깐 선보인 뒤에 전투에서 패배하고 추위와 눈보라에 맥없이 퇴각하는 프랑스군의 모습을 현악기의 가는 선율로 끊어질 듯 연약하게 표현했다.

시베리아 군단은 한기를 앞세워서 고기압 세력을 크게 키워내고는 그 강력한 힘을 가만히 두지 못하고 호시탐탐 팽창할 시기를 엿본다. 그러다가 온대저기압이 작은 소동을 일으키면, 그걸 핑계 삼아 북풍을 타고 한반도로 밀려온다. 마치 옛 몽골 제국이

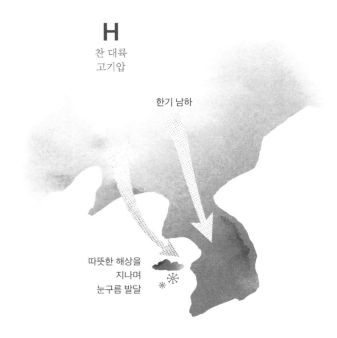

H
찬 대륙
고기압

한기 남하

따뜻한 해상을
지나며
눈구름 발달

겨울철 대륙고기압의 확장과 한파 내습

시베리아고기압이 발달하면 그 전면에서 매우 차고 건조한 기류가 북풍을 타고 밀려온다. 찬 공기가 따뜻한 해상을 지나온 곳에서는 눈구름이 발달하고, 바람을 타고 내륙으로 침투하여 해안 지역에 눈이 많이 쌓이기도 한다.

나 소비에트연방이 한창 잘나가던 시기에 주변 국가를 침공했던 것과 마찬가지다. 이들 강대국은 정치적 이해관계에 따라 손해를 보는 사건이 생기거나, 아니면 의도적으로 침공할 구실을 만들어 침략해 왔다. 마치 온대저기압이 한기의 세력을 끌어들이는 것처럼 말이다.

제트기류가 활발할 때는 온대저기압이 서에서 동으로 이동하며 일주일에 한 번 정도 한반도 주변을 지나간다. 이 저기압이 접근하기까지 나흘 정도는 남풍 계열의 바람이 불면서 기온이 조금 오르다가 저기압이 통과하며 북풍을 타고 한기가 남하하면 사흘 정도는 기온이 떨어진다. 삼한사온(三寒四溫) 현상이 나타나는 것이다. 하지만 제트기류는 해마다 모양과 강도가 달라지고, 이 통로를 지나는 온대저기압의 주기도 고무줄처럼 늘어났다 줄어들기 때문에 이러한 규칙성을 자주 느껴보기는 쉽지 않다.

차가운 공기는 무거운 만큼 남하 속도가 빨라 강풍을 동반한다. 극강의 저온에 바람마저 강해 피부에서 열을 빠르게 빼앗아간다. 살을 에는 추위다. 열은 따뜻한 곳에서 차가운 곳으로 이동한다. 피부 온도는 37도 내외로 일정하지만, 바깥 기온이 낮으면 낮을수록 피부의 열은 보다 효과적으로 바깥으로 배출된다. 한편 바람이 불면 피부와 주변 공기 사이에는 난류가 활발해진다. 선풍기 바람을 쐬면 시원해지는 것은 바람이 피부 주위에 난류를 일으켜서 피부의 열을 빼앗아가기 때문이다.

피부는 바람이 강할수록 더 춥게 느끼게 된다. 기상기관에서는 바람 추위 지수(windchill index)를 이용하여 기온에 바람의 효과를 보태어 체감 추위를 알려준다. 예를 들면 수은주는 0도를 나타내더라도 바람이 시속 20킬로미터(초속 5.5미터)로 불면 체감온도는 영하 5도가 된다. 바람이 시속 80킬로미터(초속 22미터)로 불면 체감온도는 영하 10도가 된다. 시베리아의 한기가 남하하여 우리나라에 한파주의보가 발령되는 때에는 시간당 1도씩 기온이 뚝뚝 떨어진다. 그렇게 하루 만에 10도 이상 기온이 낮아지므로 매우 춥게 느껴진다. 게다가 한파 초기에는 통상 강풍이 동반되므로, 체감온도는 전날보다 15도 이상 떨어진다. 날씨가 갑자기 왜 이렇게 돌변했나 하는 생각이 들 정도다.

동장군이 내려올 때는 종종 기마군단을 대동했다. 역사적으로 고려 시대와 조선 시대에 거란족과 여진족은 대개 초겨울에 기습적으로 쳐들어왔다. 여름에서 가을까지 말들은 풍부한 목초를 먹으면서 살을 찌웠고 아직 기력도 충분한 상태였다. 게다가 강과 땅이 얼어붙기 시작해서 말들이 쉽게 뛰어다닐 수 있었다. 다만 겨울 동토에는 외부에서 식량을 구하기 어려웠다. 남의 영토에 깊숙이 발을 담그면 담글수록 보급로가 길어지며 후방 부대의 지원을 받기 어려워진다. 따라서 그들은 속전속결로 전쟁을 끝내자는 전략을 썼다. 중간 경유지를 빠르게 통과하여 파죽지세로 한양까지 곧바로 쳐들어온 것이다. 조선군은 청나라 기병과의 성 밖 전투가 쉽지 않았고, 주로 성안에서 수비하는 방식으로 맞섰다.

동장군은 쳐들어올 때와는 다르게 빠져나갈 때는 시간이 오래 걸렸다. 찬 공기는 무거운 탓에 아래로 처진다. 만두피를 만들기 위해 밀가루 반죽을 기다란 봉으로 얇게 밀어내듯이 찬 공기도 바닥에 깔린 다음 주변 지역으로 얇게 퍼져간다. 아래쪽을 차지한 찬 공기는 안정한 연직 구조를 형성하며, 지면이 충분히 달궈지기 전까지는 좀처럼 사그라지지 않는다. 설혹 남쪽에서 따뜻한 공기가 불어와도 찬 공기 위로 올라가므로, 바닥에 바짝 달라붙은 찬 공기는 한동안 주변 공기와 섞이지 않는다. 병자호란 때 쳐들어왔던 청나라도 엉덩이가 무겁기는 마찬가지였다. 강화도 수성에 실패한 직후 인조가 남한산성에서 나와 강화조약을 맺으면서 전쟁은 끝났다. 하지만 후유증은 오래 남았다. 그 후 많은 조선인이 억울하게 청나라에 끌려갔다는 역사 기록은 안타까움을 자아낸다.

바다
——————— 얼음의
노래

    겨울이면 북구의 바다는 얼어붙는다. 핀란드에서 스웨덴으로 향하는 뱃길도 반반한 얼음으로 온통 뒤덮인다. 대형 카페리호가 다니는 길만 마치 철로처럼 열려 있다. 눈 위에서 썰매를 타듯이 배는 미동도 없이 바다 위를 미끄러져 간다. 그런데 뱃길 주변의 얼음을 자세히 보면 얼었다 녹은 흔적도 보이고 큰 조각들이 모자이크처럼 서로 연결된 것이 보인다. 날이 따뜻하면 얼음이 녹으면서 조각으로 분리되어 바다 위를 둥둥 떠다니다가 한파가 밀려오면 다시 얼어붙기를 반복한 흔적이다.

    극지에서 바다로 뻗어 나온 얼음은 기온이 오르면서 갈라지고 쪼개진다. 바람에 밀리고 해류에 실려서 얼음 조각은 바다 위를 떠다닌다. 수면 위를 떠다니는 빙산은 지나가는 배들을 집어삼키곤 했다. 영국에서 갓 건조한 호화 유람선 타이태닉호도 움직이는 암초를 피해 가지 못했다. 처음 항해에 나선 배는 당시로선 크기나 빠르기가 당대 최고라서 사람들의 눈길을 끌었다. 최신 공법에 가장 빠른 엔진을 장착했다. 이 배는 인파의 환호와 박수 속에서 1912년 4월 10일 영국 사우샘프턴 항구를 떠나 미국으로 향했다. 잘 알려진 것처럼 그 배는 끝내 목적지에 이르지 못했다.

바다 위를 떠다니는 유빙을 피하기 위해 배는 평소보다 저위도에서 항해하며 충돌의 위험을 줄였다. 그런데도 그토록 큰 배가 어쩌다 눈앞의 빙산을 피하지 못했는지 그 원인을 두고 설이 다양하다. 이상기후로 북서풍이 이례적으로 오랫동안 지속되면서 찬 공기를 끌어내려 해수 온도가 낮아진 데다 바람에 떠밀린 빙산이 여느 때보다 훨씬 남쪽까지 내려와 뱃길을 위협한 것도 원인 중 하나였던 것 같다. 어쨌든 호화 유람선의 비극은 영화로 제작되어 관객들의 안타까움으로 남게 되었다. 디캐프리오와 윈슬릿이 뱃머리에서 맞바람을 향해 팔을 벌릴 때 〈내 사랑은 변함없이 계속되죠(My Heart Will Go On)〉가 들려온다.

지구온난화가 진행되면서 머지않아 북극해의 얼음이 여름철마다 모두 녹을지도 모른다는 전망이 들려온다. 북극해가 녹으면 극지를 오갈 뱃길이 열린다. 그동안 대륙을 오가는 배들은 대륙의 남쪽을 돌아가느라 기름을 많이 소모하고 운하 통행세를 내야 했다. 이 배들이 북극해로 직행하면 시간과 기름을 모두 줄일 수 있어 경제적이다. 다만 해빙이 문제다. 타이태닉 사고 때나 지금이나 여전히 뱃길의 안전을 위협하는 골칫거리다.

우리나라 근해가 따뜻하고 극지로부터 멀리 떨어져 있어서 이런 빙산이 돌아다니지 않는 것은 다행스러운 일이다. 물론 북한의 대동강 하류에서 이어지는 남포 앞바다는 위도가 서울보다 높아 겨울에 얼기도 한다. 하지만 빙결 해역이 그리 넓지 않고 봄이 오면 빠르게 녹아내린다. 우리 주변에서 유빙을 제대로 관측하려면 가깝게는 일본 북해도의 북쪽 바다까지 쇄빙선을 타고 나가야 한다. 하지만 국내에서도 유빙의 체취를 느낄 방법이 있다. 초여름 오호츠크해 고기압이 동해를 지나 우리나라로 확장해올 때 바다 공기를 마셔보면 된다.

겨우내 얼어 있던 극동 러시아 주변 해역은 두꺼운 얼음층으로 덮여 있다. 그러다가 봄이 되면 일부는 녹고 쪼개지며 유빙이 된다. 게다가 주변 육지의 만년설에서 얼음물이 흘러내리며 바다는 더욱 차가워진다. 그 위를 차가워진 공기가 무겁게 내리누르면서 오호츠크해 고기압 기단이 형성된다. 한편 봄에서 여름으로 바뀔 때 주변 아시아 대륙은 햇빛을 많이 받아 달궈진다. 그 위로는 공기가 열에 따뜻해지며 기압이 점차 낮아진다. 더워진 대륙의 열적 저기압과 대조되면서 오호츠크해의 차가운 고기압은 더욱 발달하는 모양새를 갖춘다. 이 기단의 세력이 커지며 동해로 남하하면 차고 습한 공기가 동해로 유입된다. 이런 때 동해안으로 나가 해풍을 맞으면 오호츠크해의 유빙을 감싸 안은 대기의 체취를 직접 맛볼 수 있을 것이다.

서늘한 해풍이 태백산맥에 부딪히면서 영동 지방은 안개에 덮이거나 이슬비가 한동안 지속된다. 구름이 해를 가린 음습한 날이 계속되면서 작물은 잘 자라지 못해 냉해를 입는다. 동해안 지방에서 을씨년스러운 날씨가 이어지는 동안 서쪽 내륙 지방에서는 소나기가 하루에도 몇 차례씩 쏟아진다. 낮 동안 햇빛이 대지를 달구며 그 위에 앉은 찬 공기가 불안정해진 탓이다. 이런 이상 저온 현상을 당하고 보면, 계절은 여름으로 가는 반면 날씨는 다시 봄을 향해 역주행하는 느낌이 든다. 사실 이런 날씨의 변덕은 다른 곳에서도 쉽게 찾아볼 수 있다.

온난화가 가속화되면서 겨울철에 극지와 중위도를 갈라놓는 편서풍 띠가 느슨해지면 제트기류가 남북으로 요동친다. 북쪽에서 내려오는 제트기류에 극지의 차가운 냉기가 함께 몰려오며 한파가 이어진다. 저 멀리 유럽 북단에서 극지로 뻗어나간 바렌츠해에 얼음이 많이 얼면 찬 공기가 남하한다. 이 주기가 맞아떨어지면 제트기류의 리듬을 타고 우리나라에 시베리아 한파가 찾아오는 것이다. 지구 전체는 평균적으로 기온이 상승하는데도 불구하고 일부 지역에는 역설적으로 더욱 추운 날씨가 찾아온다. 이러한 온난화의 역설은 지구가 더워지는 기후에 적응하는 과정에서 빚어진 일시적 해프닝일 뿐이다. 온난화가 계속 진행되어 북극의 얼음이 모두 녹아내리고 나면 이런 일시적 기현상도 자취를 감출 것이기 때문이다.

얼음은 햇빛을 차단하여 지표가 달구어지는 것을 막는다. 그린란드나 남극 대륙에 두껍게 쌓인 얼음층은 차갑게 식힌 공기를

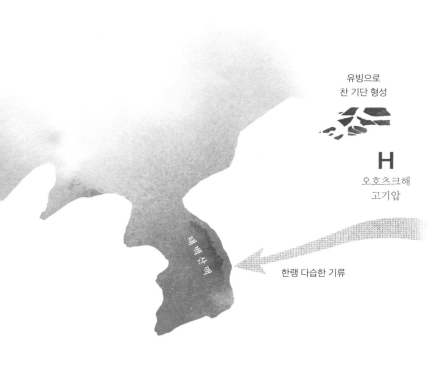

유빙으로
찬 기단 형성

H
오호츠크해
고기압

한랭 다습한 기류

태백산맥

오호츠크해 고기압 확장과 이상 저온

초봄 오호츠크해에 자리 잡은 차고 습한 고기압이 우리나라로 확장해 오면, 동해안 지방에는 안개가 자주 끼고 흐린 날씨에 일조량이 적어 이상 저온이 이어지기 쉽다. 내륙 지방에서는 햇빛에 달궈진 지면이 차고 습한 공기와 섞이며 불안정해져 소나기가 자주 내린다.

더운 곳으로 흘려보내 온난화를 저지하는 최후의 보루다. 기온 상승으로 얼음 면적이 줄어들면 지표는 그만큼 더 많은 햇빛을 받으며 온도가 상승한다. 덩달아 대기의 기온이 오르고 이로 인해 극지의 얼음층은 더 많이 녹아내린다. 도처에서 발생하는 이상 한파는 극지의 얼음이 녹아내리며 발생하는 일종의 발작으로서 온난화를 역설적으로 증언한다. 기온이 임계점을 넘어서면 빠른 속도로 극지의 얼음층이 사라지고 급격한 기후변화가 일어날 거라는 불운한 전망이 힘을 얻는 이유다.

　이런 시나리오가 실현된다면 지구 기온이 처음에는 느린 속도로 상승하다가 임계점에서 갑자기 가속 페달을 밟아 지구 전체를 파국으로 몰아갈 수도 있을 것이다. 지금도 18세기 후반 산업혁명이 일어나기 전과는 비교가 안 될 만큼 빠른 속도로 지구 기온이 상승한다고 다들 걱정한다. 해수면이 상승하고, 지역마다 가뭄과 홍수가 교차하고, 생태계의 다양성과 먹이사슬의 균형이 일거에 무너지면서 우리는 그동안 한 번도 경험하지 못한 기후 위기에 직면할지도 모른다.

　타이태닉호가 가라앉던 밤바다는 유난히 고요하고 잔잔했다. 선뜻 다가온 재앙의 전조는 수면 아래에 잠겨 보이지 않았다. 주변을 지나던 배들이 빙산이 떠다닌다는 경고를 수차례 전했건만 귀담아듣는 이가 없었다. 멀리 내다보는 쌍안경이 사물함에서 잠자는 동안 망루의 지킴이들은 눈앞의 상황에만 매달렸다. 속력을 높이고 탑승 좌석을 늘린 대신, 위험에 대비한 구명보트는 턱 없이 부족했다. 우리가 처한 기후 위기의 현실이 왠지 타이태닉호의 처지와 닮아 있다는 느낌을 지울 길이 없다.

이우진

기상학자. 자연 가까이 산책하기를 좋아하고, 생활의 날씨 이야기를 즐겨 쓴다. 방송을 통해 기상 현상을 해설하기도 하고, 신문이나 잡지에 기상 칼럼을 기고해 왔다. 연세대학교에서 천문기상학을 공부하고, KAIST에서 물리학 석사, 미국 일리노이대학교에서 대기과학 박사학위를 받았다.

기상 정보를 사회에 전달하고 의사결정 과정에 접목하는 문제에도 관심을 갖고 있어 《미래는 절반만 열려 있다》《정보화 사회의 기상서비스》를 썼다. 오랜 기간 컴퓨터와 수리과학을 접목한 기상예측 분야에 종사하면서, 《기상역학》《강수량예보》 등 다수의 전문서를 집필했다.

날씨의 음악

ⓒ 이우진 2023

초판 1쇄 발행 2023년 7월 7일
초판 3쇄 발행 2024년 5월 20일

지은이 이우진
펴낸이 이상훈
인문사회팀 최진우 김지하
마케팅 김한성 조재성 박신영 김효진 김애린 오민정

펴낸곳 (주)한겨레엔 www.hanibook.co.kr
등록 2006년 1월 4일 제313-2006-00003호
주소 서울시 마포구 창전로 70(신수동) 화수목빌딩 5층
전화 02) 6383-1602~3 **팩스** 02) 6383-1610
대표메일 book@hanien.co.kr

ISBN 979-11-6040-535-4 03450